遊戲角色
概念設計

喬　斌◎主　編
袁曼玲◎副主編

崧燁文化

PREFACE 序

　　近年來，隨著科學技術的發展和現代社會的進步，數位媒介與技術的蓬勃興起使得相關的藝術設計領域得到了迅猛的發展並受到了廣泛的關注。近十年來，遊戲產業迅猛發展，正在成為第三產業中的朝陽產業。數位遊戲已經從當初的一種邊緣性的娛樂方式成為目前全球娛樂的一種主流方式，越來越多的人成為遊戲愛好者，也有越來越多的愛好者渴望獲得專業的遊戲設計教育，並選擇遊戲作為他們一生的職業。同時，隨著數字娛樂產業的快速發展，消費需求的日益增加，行業規模不斷擴大，對遊戲設計專業人才的需求也急劇增加。

　　從目前遊戲設計人才的供給情況來看，首先，從事遊戲產業的人員大多是從其他專業和領域轉型而來，沒有經歷過對口的專業教育，主要靠模仿、自學、企業培訓以及實踐經驗積累來提升設計能力，積累、掌握的設計方法、設計思路、設計技術也僅限於企業內部及產業圈內的交流和傳授。遊戲產品的開發環節和開發內容主要包括遊戲策劃、遊戲程式開發以及遊戲美術設計，策劃是遊戲產品的靈魂，程式是遊戲產品的骨架，而遊戲美術則是遊戲產品的"容顏"，彰顯著遊戲世界的美感。

隨著市場競爭的加劇，產品同質化突顯，遊戲產業對遊戲設計專業人才的需求在品質上提出了更高、更嚴的要求。企業和研發機構將越來越看重具備複合性、發展性、創新性、競合性四大特徵的高級遊戲設計人才。通過廣泛調研以及近年的教學實踐和教學模式探索，我們就當前高級遊戲設計人才的培養必須具有高創造性、高適應性、高發展潛力，具有國際化的視野和競合性，既要具有較強的產品創新與設計創意能力，又要具有較強美術創作實踐能力方面達成了共識。為了體現這一共識，本書中的教學案例基本來自作者的教學或開發實踐，並注重思路與方法的引導，充分展現了當前的最新設計思路、技術線路趨勢，體現了教學內容與設計實踐的緊密結合。

　　從以上幾個方面來規劃和設計的遊戲專業圖書目前比較少，而遊戲設計專業的教學和實踐開發人群都比較年輕，雖然他們對於圖書相關內容都有著自己的研究、實踐和積累成果，但就編寫圖書而言還缺少經驗，需要各位同行和專家提供寶貴的意見和建議，不吝加以指正，以便進一步改進和完善。儘管如此，我們依然相信這本書的出版，對於遊戲設計專業課程體系的建設具有非常積極的推動作用和參考價值，能夠使讀者對遊戲美術設計有一個系統的認知，在培養和增強讀者的遊戲美術設計能力、製作能力、創意創作能力方面提供重要的引導和幫助。

沈渝德　王波

寫在前面的話

在講述之前，我打算就"概念設計"這一大的設計範疇來展開我們的內容，而並不局限在遊戲這一門類中來加以闡述。所以,面對很多的概念或內容，我希望我們能先立足於遊戲、動畫、漫畫、插畫、電影等藝術形式所共通的方面來學習和認識，而後談論遊戲這一藝術形式的特殊要求。

之所以這樣計畫，原因如下：

首先，不論是遊戲，還是動畫、漫畫、插畫、一部分商業電影，它們都是在同一個動漫文化影響下的不同的藝術媒體與藝術表達形式，既不相同又密切相關。在很多時候，受當代的行業發展需要和商業開發模式的影響，遊戲、電影、動畫和其他相關的商業藝術作品在同一時間出現同一主題的不同形式，在藝術設計和表達形式上都密切地交錯著和相互支撐著，這種情況已經屢見不鮮。這是當代產業互動合作和商業盈利的需要，在本書中我們可以看到大量這樣的實例。

其次，當代的文化，特別是流行文化和藝術科技在界限上已經逐漸模糊，很難把某種藝術形式單獨地和其他相關的藝術與文化分割開來。將它們分割開來既不符合當代媒體藝術本身的存在狀態，也會影響讀者的判斷而造成認識上的片面和誤差，不利於大家的專業學習和後續的專業拓展。

最後，眾多的商業媒體和藝術、商業、科技、人力資源管理等都是密切融合的一個整體。例如，美國在現代科技、媒體領域都有著領先的優勢，他們把與遊戲、電影、動畫相關的產業都整合起來，稱之為"工業"（例如電影工業、遊戲工業等）。在這樣的發展模式下，各個部門不但需要各司其職而且需要廣泛的聯繫與合作。

基於此，我認為對於當代商業藝術的學習，既需要開闊的廣泛的專業眼光，同時需要掌握準確、細密的專業技能。當代的概念設計已經不單是設計藝術，同時是當代媒體工業領域裡的標準流程。

所以我們的學習方式也應與時俱進，適應當代設計領域與相關行業發展的需要。我們首先需要打破界限與隔閡，在廣泛瞭解的基礎上再來明確專業的特殊要求。下面我們先來瞭解一下什麼是"概念設計"，以此作為我們學習設計的開始。

什麼是概念設計？

概念設計是由分析使用者需求到生成概念產品的一系列有序的、可組織的、有目標的設計活動，它表現為一個由粗到精、由模糊到清晰、由抽象到具體的不斷進化的過程。

概念設計即是利用設計概念並以其為主線貫穿全部設計過程的設計方法。

概念設計是完整而全面的設計過程，設計者通過設計概念將繁複的感性和瞬間思維上升到統一的理性思維，從而完成整個設計。

以上的這一段文字把概念設計的整個設計階段做了很好的規劃與描述。在具體講述之前，我想結合這本書的主題嘗試對它進行簡單的解讀，以此作為本書的開始。

1.概念設計是由分析使用者需求到生成概念產品的一系列有序的、可組織的、有目標的設計活動。

概念設計是一個有序的、目標明確的系統化設計。它包含的內容是豐富的，設計的目的是共同的，一致的；在設計的標準把握上是整體的、有序的；設計中的個體是互為因果、相互支持、和諧共存的；個體與整體的關係，就像音樂曲調和音符的關係一樣，調子統一、變化多樣而又恰到好處。

2.它表現為一個由粗到精、由模糊到清晰、由抽象到具體的不斷進化的過程。

概念設計的重點和過程都在於從概念（抽象）到設計（具象）的形象創意與整體深入，這個過程像車輪一樣不斷地滾動和前進，直到達到設計目標的終點。

3.概念設計是利用設計概念並以其為主線貫穿全部設計過程的設計方法。

概念設計的內容是豐富多樣的，同時有共同的設計基調與設計目標，所有的設計創意都遵從和貫徹這一主線。

4.概念設計是完整而全面的設計過程，它通過設計概念將設計者繁複的感性和瞬間思維上升到統一的理性思維，從而完成整個設計。

概念設計是一個複雜而完整的藝術設計過程，它極度地重視設計師的藝術創意，也依賴藝術設計中的設計邏輯。創意和邏輯像概念設計的兩條腿，兩者協調配合，設計才能順利推進。

通過以上的簡單解讀，大家對"概念設計"這一各個門類的當代藝術設計中具有普遍價值的思維方法有了初步的瞭解，同時明白了就設計而言，概念設計在絕大多數情況下具有明確的針對當下的商業目標。

而在遊戲這一藝術門類中，概念設計其實主要就是指和遊戲開發相關的遊戲美術設計。根據當代的遊戲產業開發的實際情況，遊戲美術設計可以大致分為遊戲角色設計、遊戲場景和道具設計、生物與機械設計、遊戲介面設計、遊戲美術風格設計。

本書就遊戲角色的概念設計這個分支和大家共同學習和討論。

目錄 CONTENTS

第一章 設計概念的解讀——概念設計的開始　　1

第二章 概念設計的準備與基本功　　5
第一節 資料的收集　　6
第二節 資料的閱讀與使用　　8
第三節 概念設計師的基本功——臨摹與速寫　　9
第四節 速寫練習的材料、工具　　11
第五節 速寫技巧與訓練要點　　12
第六節 速寫與臨摹作品賞析　　14

第三章 遊戲角色設計的任務和內容　　21
第一節 遊戲角色設計的任務　　22
第二節 遊戲角色設計的內容　　25

第四章 輪廓設計　　28
第一節 角色設計的開始——輪廓設計　　29
第二節 輪廓設計的形式要素　　32
第三節 角色概念設計草圖的繪製　　34
第四節 案例分析——《閃靈悍將》雙子偵探人物設定　　36
第五節 案例分析——《花木蘭》人物設定　　38

第五章 角色的服裝、道具與細節設計　　41
第一節 服裝道具設計對角色輪廓設計的直接影響　　42
第二節 角色的服裝道具與細節對設計資訊的傳達　　44
第三節 角色服裝道具的應用與設計方法　　49

目錄 CONTENTS

第六章 概念設計的前設計階段 ... 55
第一節 前設計階段的主要任務 ... 56
第二節 前設計階段的思維方法 ... 57
第三節 創意思維能力的培養 ... 58

第七章 設計概念圖 ... 60
第一節 選擇與組合 ... 61
第二節 內容與規範 ... 62
第三節 概念設計圖的 CG 輔助設計(Photoshop 軟體介紹) ... 65

第八章 後設計階段 ... 69

第九章 概念設計插畫 ... 71
第一節 概念設計插畫與 CG 概念設計插畫 ... 72
第二節 實例展示與分析 ... 72

第十章 角色概念設計的風格與案例分析 ... 79
第一節 案例《手辦造型設計》 ... 80
第二節 《Blood Lines》遊戲系統化設計案例分析 ... 84
第三節 漫畫《夢想三國》關羽、張飛、呂布人物設定分析 ... 88
第四節 課堂教學案例分析——廣播劇《霧隱占婆》角色概念設計 ... 92
第五節 課堂教學案例分析——小說《絕不低頭》角色概念設計 ... 95

附錄 ... 100

後記 ... 106

第一章
設計概念的解讀
——概念設計的開始

要點導入：

　　當遊戲的策劃方案確定之後，我們就進入了遊戲概念設計階段。在這個階段，所有的文字策劃都將以具體形象的方式加以提升和闡釋。這是遊戲設計的核心階段，在很大程度上直接決定遊戲開發的成果。

既然設計以遊戲的文字策劃案作為開始，那麼設計的起點並不在於馬上拿出繪畫的工具進行草圖的描畫和形象的設計，而在於準確地把握設計的目標和具體要求。所以，遊戲的概念設計始於對遊戲概念的解讀。

　　如果是專業的、規模較大的遊戲開發團隊或者公司，他們一般把遊戲的策劃與美術設計分成各自獨立的板塊；如果是小型的遊戲設計工作室，一般也會把遊戲策劃、遊戲美術、動畫製作、後臺程式開發分配給不同的團隊。這些環節之間都涉及溝通問題。

　　而只有少數以個人為開發團隊的獨立遊戲創作，從策劃、製作到發佈可能都由一個人承擔。但在創作過程中，個人獨立創作一樣會有團隊所涉及的問題，創作的原則與步驟也都類似，只是就個人獨立創作而言，所有的問題都是由個人獨立解決而已。

　　以上分別對遊戲開發團隊和個人獨立遊戲創作做了簡單分析。就遊戲開發的過程來看也是一樣：首先設計的物件並不一定都是標準的遊戲概念策劃書。在很多情況下，設計概念可能包含在一個故事、一本小說或者其他的文學作品中。

　　在當代，隨著圖像和數位技術的飛速發展，動畫、漫畫、電影和遊戲這些藝術形式之間的界限越來越模糊，而不同的藝術形式和藝術平臺間的互動越來越頻繁和多樣。

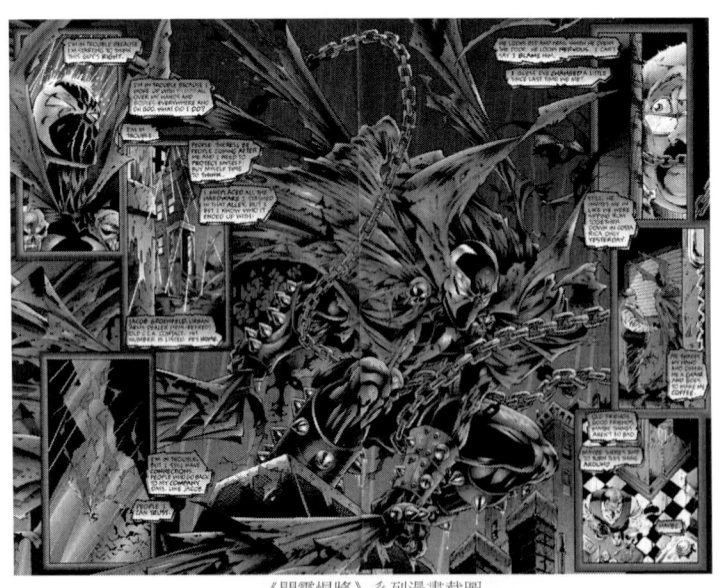
《閃靈悍將》系列漫畫截圖

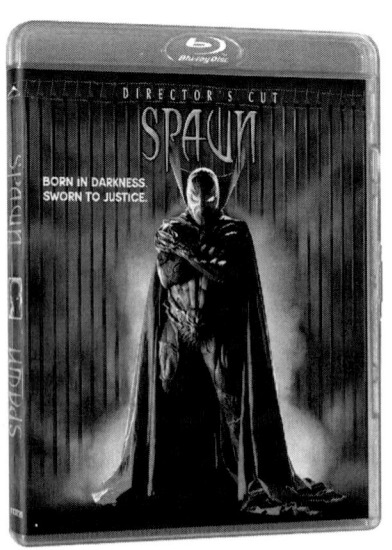
《閃靈悍將》電影宣傳截圖

《惡靈古堡》遊戲宣傳圖片

《惡靈古堡》電影宣傳海報

《惡靈古堡》電影宣傳海報

《尼奧之路》遊戲截圖

著名的漫畫改拍成電影,例如美國電影《閃靈悍將》。人氣高的遊戲改拍成電影,例如已拍攝了多部續集的美國電影《惡靈古堡》。針對成功的電影而開發的相關遊戲,例如《駭客任務》。

類似的例子很多,我相信大家都已經見慣不驚,主要是希望大家明白設計的目標和設計的具體要求並非都是單一和簡單的。設計概念可能存在於文字策劃案中,也可能包含在小說作品中,甚至可能埋藏在其他的相關藝術作品中,例如電影、漫畫。我們需要主動去尋找設計概念的各種形式。

在這個階段,我們需要設計師對設計目標進行細緻、深入的解讀和準確的定位。準確的定位和恰當的設計思路既是概念設計成功的重要保障,也是概念設計創意的開始。

所以面對設計任務的時候,並不是馬上拿起畫筆和設計工具進行設計,而是要瞭解、分析、解讀設計的物件,明確設計的目標和相關的具體設計要求。

通過以上的陳述我想大家都已經明確:遊戲的美術設計開始於對遊戲策劃(文案策劃)的解讀與把握。設計概念的解讀包括哪些方面呢,我們應該怎樣去把握呢?

設計概念的解讀應該包含以下兩個方面:

1.設計主題是什麼?

這是概念設計中涵蓋面最大的問題,也是設計中最核心的問題。這個問題的答案可能是抽象的、感性的、富於情感和精神理念的,它會指導、伴隨和參與後面的所有的設計與製作過程,直到創作的完成。我們需要對前期策劃進行細緻解讀、反覆體會後,再關注內心真實、直白的感受和情緒。這個問題或許不會與某個具體的設計內容直接關聯,但是將貫穿我們創作的始終。

以上的文字有些抽象,可能會讓大家覺得難以準確把握,我們可以通過一些例子來幫助大家理解。

比如遊戲《尼奧之路》,這個遊戲的主題就是"過程、成長、未知"。這個遊戲的主題充滿了對未來的疑惑、好奇和探索,在遊戲過程中玩家會作為參與者、主角的扮演者,在遊戲過程中逐漸體會角色的成長。類似的格鬥類的遊戲基本上也是這樣的主題,玩家扮演其中一位武士,接受各種未知的挑戰。這樣的例子很多,大家可以嘗試進行分析。

遊戲像電影一樣分為固定的類型,比如角色養成類、格鬥類、冒險類、解密類等等。其實,類型往往就是主題,或者和遊戲主題密切相關。

但是也有許多內容豐富的遊戲作品,裡邊包含幾個類型的遊戲內容,上述的類型都沒有辦法概括它的全部主題內容,這就需要大家針對具體的遊戲作品來體會和把握。

2.我將要進行創作的遊戲的世界觀是怎麼樣的?我能用簡短的一段話來加以描述嗎?

在討論這個問題之前,我想和大家一起瞭解一下遊戲的世界觀這個話題。首先我們從《現代漢語詞典》中瞭解兩個名詞:

世界:自然界和人類社會的一切事物的總和。

世界觀:人們對世界的總的根本的看法。由於人們的社會地位不同,觀察問題的角度不同,不同的人會形成不同的世界觀,也叫宇宙觀。

通過上述文字,我們對世界和世界觀的概念有一個初步認識,但這個世界觀與遊戲中的世界觀又有所不同。遊戲製作人做出一個虛擬的世界,並以自己的想法和理解來制定這個世界的種種規矩與法則,這便是遊戲的世界觀了。很顯然,遊戲的世界觀是現實世界觀的折射,兩者在很多方面有共通的地方。世界觀是人對於世界的認識和看法,所以世界觀相對世界來說始終是主觀的、個體的和狹隘的,在遊戲創作中更是如此,這一點我們特別需要注意。

如果從遊戲的本質來看,遊戲其實是在人制定的規則下的人和人,或者人和電腦程式之間的交互。

遊戲具體的行動和策略由玩遊戲的人來掌控,但是參與遊戲的人都要遵循遊戲的規則,否則遊戲就難以進行下去。遊戲中並不存在一個獨立於遊戲之外的世界觀或者世界觀架構,各個元素是共存的,都必須服從於遊戲的規則。

我們可以這樣認為:

遊戲所體現的遊戲創作者對於遊戲中虛擬世界的描述與態度,我們可以稱之為遊戲的世界觀,也可以將遊戲的規則看作是遊戲的世界觀架構。

而遊戲之外的東西我們則不用過多理會,它們和遊戲是沒有直接關係的,畢竟遊戲只是現實世界的折射或投影片段,而不是生活本身。

在遊戲製作之前我們必須明確以上兩個問題,否則沒有辦法繼續進行遊戲設計的工作。

思考與練習

1. 設計概念包括哪些方面的內容?在設計中應該怎樣把握這些內容?
2. 什麼是遊戲的世界觀?它和現實世界觀有怎樣的關係?
3. 嘗試對自己喜歡的遊戲做簡單的遊戲的世界觀分析。

第二章
概念設計的準備與基本功

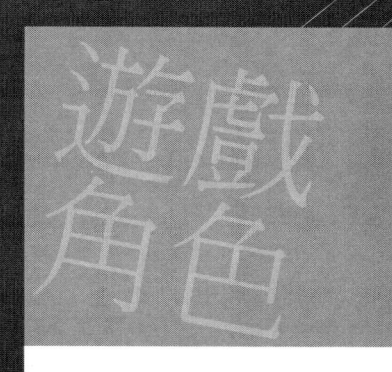

要點導入：
　　當我們樹立成為概念設計師的專業理想的同時，我們也需要進行相應的基本功的練習和資料的收集，盡力為設計的開始做好資料、技巧和專業積累等方面的準備工作。

第一節 資料的收集

很顯然，概念設計的要點在於創意思維的訓練。

我們不但需要通過長期的思維訓練主動地學習和適應專業的概念設計師應必備的思維方式，也需要有足夠的知識積累、文化積澱和生活閱歷來提供支撐創意的原材料。這就是本小節我們要和大家討論的內容：資料的收集。

如果我們把當下假設為現在，那麼現在之前的時間可以稱為過去，大家只要稍微回憶當代文化的發展歷史，特別是藝術、繪畫與設計的發展過程，就會驚奇地發現：沒有任何繪畫、設計或者其他的藝術創作是獨立存在的。

人類文化的發展過程，從整體來看其實就是一個模仿、借鑒、繼承與發展的過程。與周圍環境不相干的事物和文化，從古至今就沒有存在過。舉兩個大家熟悉的例子：電影《星際大戰》裡面的黑武士的造型源自於戰國時期的日本武士，電影《變形金剛》裡面經典的汽車人就是人和汽車的混合體。

《星際大戰》人物黑勳爵的造型與日本戰國時期的武士鎧甲

概念設計來自於好的創意，而概念設計的創意離不開創意的原材料——參考資料。許多經典的設計個案其實就源於設計師對於真實世界中的物體的選擇，以及其在創意思維上的融合。要做到這一點，設計師首先需要收集並熟悉大量的參考資料。這些資料當然首先是指各式各樣的圖片、視頻等直觀的視覺形象。

我們提出以上觀點的原因非常簡單，因為我們所要學習和掌握的概念設計是建立在視覺經驗上的。

概念設計就是用形象在視覺上建立設計形象與概念文本（設計師與文案策劃）之間、設計形象與設計分工（設計師與製作者）之間、設計者與觀者（設計師與遊戲玩家）之間的聯繫。這就是設計者在概念設計中的任務。

資料的收集與使用至少包括兩個方面的工作。

一、資料的收集與閱讀

我們在前文已經提到，資料的收集首先以視覺的形象資料為主，包括圖片、遊戲、動畫片、電影等各種類型的靜態、動態的東西，也包括設計畫集、各類風格的美術作品、時尚雜誌、新聞圖片等，以及與我們的設計和生活相關的一切東西。

我們在前面已經提到，設計師不但要有創新的思維，也需要收集各類資料。在面對一個設計課題之前，誰也不知道會面對什麼樣的設計任務與挑戰，既可能是內容上的新的命題，也可能是美術風格上的創新與設計。設計師不但需要有足夠的資料儲備，也需要有開闊的視野和專業的眼光，還需要對當下的生活和流行文化保持足夠的熱情與關注。

設計是以人為本的，是與時俱進的。所有的設計針對的都是當下的活生生的人的精神方面的需求。

對於設計師來說，收集參考資料是沒有時間上的限制和數量上的規定的，它應當伴隨設計師的整個職業生涯，成為設計師職業生涯中必要的專業習慣與素養。

二、資料的整理與分類

這更多地和大家的閱讀習慣有著密切的關係。設計師不但應該養成資料收集的習慣，建立資料庫，也應該建立自己的資料查閱系統，這是設計個性與風格形成的必要條件和物質基礎。

很顯然，在不停地資料收集的過程中我們會面對越來越龐大的資料儲備，我們應該按照自己的習慣對其進行歸類和整理。這樣不但方便梳理自己的思路，也能夠快速查閱到自己需要的東西。如果沒有有序的系統分類和管理方法，我們很難利用好自己建立的資料庫。

我的建議是，資料分類中不但需要有直接的概念設計作品的分類，同時應該包含更多更廣的內容分類。以角色設計為例，資料可以大致劃分為以下幾類：

（1）遊戲的設計畫集。
（2）動漫類設計資料，包括動畫、漫畫。
（3）影視類設計資料，包括電影、製作花絮。
（4）時尚類資料，包括以時裝設計、化妝設計、服裝搭配等為內容的雜誌。
（5）不同地域、不同文化形態下的典型服裝資料。
（6）原始、原生狀態的人文圖片。
（7）不同歷史時期的照片和反映當代人生活狀態的新聞圖片。
（8）美術作品資料，包括各類風格的繪畫作品（插圖、傳統繪畫、當代繪畫等作品）。
……

這是一個個人化的，有藝術生命的，與人文價值密切相關的，直觀、全面、廣泛的積累過程。它會隨著你的閱歷、藝術觸覺和設計經歷的積累而不斷延展。

第二節 資料的閱讀與使用

在前文中我們已經提到，資料包括各式各樣的內容，既可能是各種畫面風格的設計、繪畫、攝影、插畫作品，也可能是設計內容的一些圖像資訊。這些資料可以讓設計師在平時的閱讀過程中不斷地提高藝術修養，拓寬眼界，也會為具體的設計專案提供設計風格或者設計思路方面的參考與提示。

與某個具體的設計專案關係較為直接的資料，有許多會作為設計項目直接應用在我們的設計方案中。特別是影視類的設計專案，有限的播出時間和細緻入微的畫面品質使得設計對細節的展示有著非常苛刻的要求。粗糙的細節設計與展示不但會降低影片的藝術品質，甚至會影響電影的情節，引起觀眾對作品品質的懷疑與不滿。

遊戲發展進入"次時代"以後，遊戲片頭動畫、遊戲內即時顯示的畫面品質都有了大幅度提高，有的遊戲作品的即時顯示畫面可以接近電影的真實程度，比較突出的有《決勝時刻——現代戰爭》《刺客教條》《波斯王子》等作品。此外，有些遊戲內容有很強的專業性，比如《獵殺潛航》這些題材的遊戲作品，在具體遊戲內容的模擬方面甚至和真實的技術資料一模一樣。否則挑剔的遊戲玩家不會買帳。

遊戲《決勝時刻——現代戰爭》截圖

遊戲《波斯王子》截圖

遊戲《刺客教條》截圖

遊戲《獵殺潛航5》截圖

對於遊戲美術設計而言，設計師需要有目的地選擇某些資料作為原始材料，讓其與腦袋中的設計思路、設計點子進行融合，從而形成一個有創意的新東西。舉一個簡單的例子：比如《星際大戰》裡黑武士的光劍，其實就是鐳射和傳統冷兵器的混合體，在視覺上表現為像手電筒一樣的從劍柄握把（整合了控制開關的按鈕）噴射出的鐳射。這樣的例子很多，大家可以嘗試進行分析。

這樣的設計方法需要設計師收集並瞭解很多參考資料，在某些類型的設計命題裡，設計師不但需要理解其工作原理，更需要從視覺上傳達出工作原理，這樣才能把這些想法整合到虛擬的視覺設計中。這當然會比憑空想像的設計來得可信得多，正是這些真實世界的細節打動了觀眾，才能在設計概念和觀者之間建立起以視覺方式來進行溝通的紐帶。

好的設計不但能讓觀看者輕鬆明確地理解設計師所要傳達的設計概念，而且會讓觀看者自覺、主動地接受設計形象傳達的概念資訊。這些設計之所以看起來很"真實"，是因為設計師在設計草圖之前就花了很多時間和精力去學習和研究相關的知識。

在此需要強調：使用參考資料與抄襲不一樣，千萬不要混淆了。參考資料是協助完成設計的元素和資訊，而抄襲是剽竊其他設計師的現成的設計作品。

第三節 概念設計師的基本功——臨摹與速寫

概念設計是視覺的設計，是視覺的藝術。一個優秀的概念設計師必須具備的基本功當然包括手上的表達能力——繪畫能力。換言之，能夠沒有障礙地記錄自己的設計想法並把它輕鬆地、準確地、快速地傳達出來，這是每一個概念設計師必須具有的入門能力。

要獲得這樣的能力需要的不是什麼藝術天賦或者能力之外的虛無縹緲的東西，沒有天生的藝術家和設計師。要獲得這樣的能力只需要大家心甘情願地做大量扎實的、艱苦的練習，只需要大家有耐心和堅持不懈。

繪畫是一個熟能生巧的過程，沒有速成、偷巧的可能性。如果沒有這樣的想法會極大地阻礙初學者的進步，使初學者不願意下功夫去磨礪自己的繪畫技巧，從而給自己帶來很大的思考障礙。我把多年從事藝術類高校動漫、遊戲相關專業的教學經驗告訴大家：練習，不停地練習，直到達到目的。任何學業有成的同學都自覺自願地去經歷這個過程，無一例外。

在這裡給大家舉兩個例子，以下是四川美術學院動畫學院互動媒體專業同學的ＣＧ草圖練習，這是他們日常的功課。

在這樣的練習過程中，我們不但可以提高自己的繪畫能力，同時能夠在練習過程中不斷地積累形象記憶、吸收藝術經驗和加強自己對設計的直觀理解。

遊戲角色速寫、臨摹練習　胡照東

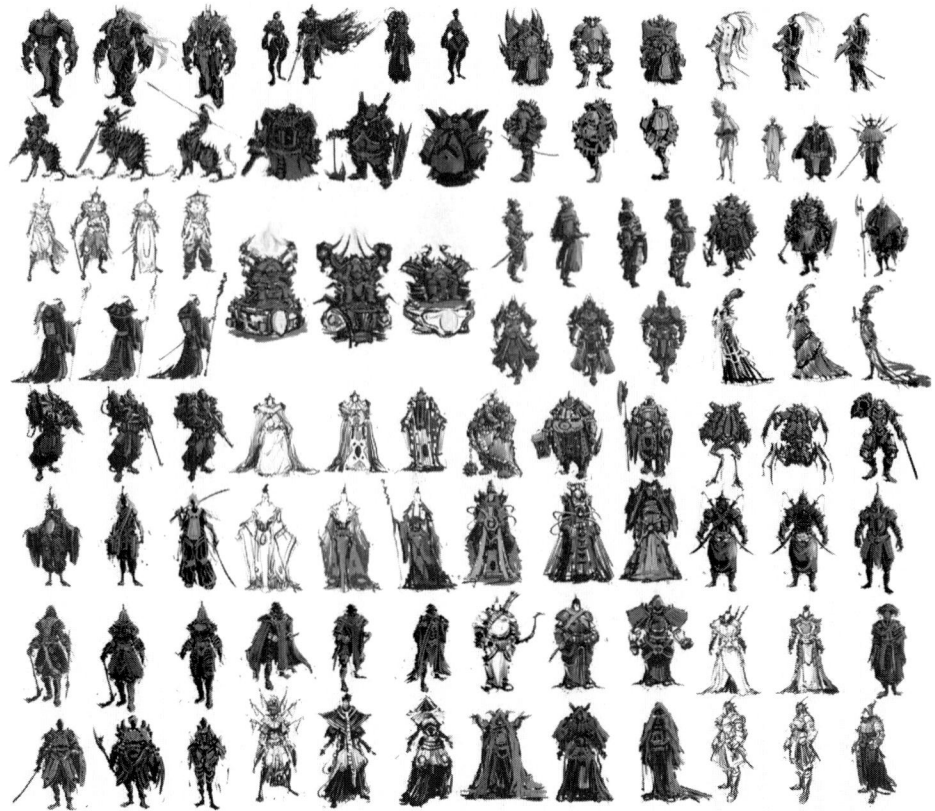

遊戲角色速寫、臨摹練習　CG　翁德才

繪畫能力和設計能力的磨礪和提高需要大家在實踐和體會中完成，這是我一直給我的學生強調的事情，也是我想提醒大家的一點。當大家的手上功夫和藝術經驗積累到一定的程度，自然會在設計和藝術的認識和理解方面產生質的飛躍，很多以前不能明白的設計問題會豁然開朗，也會逐漸形成自己獨特的對於設計和藝術的個性化的認識，為建立自己獨特的設計風格與獨立的藝術人格做好準備。

大家要知道，設計需要的各個方面的能力不是哪位老師可以直接"傳遞"給你的。藝術和設計從哲學的角度來看是生命的記憶與創造，必須親身去體會，心甘情願地付出自己的時間、精力和感情，沒有其他的方法可替代。在這個方面，語言或者其他的東西都是蒼白無力的。

第四節 速寫練習的材料、工具

遊戲角色概念設計的速寫訓練，在基本能力訓練方面和其他的速寫訓練沒有根本上的區別，只因材料和工具的不同稍有差別。

繪製的工具和材料可以分為手工傳統繪製工具和CG繪畫工具兩個大類。這兩個類別各有長處，且不同的設計師各有偏好。對於初學者而言，大家對兩類工具都應積極嘗試，熟練掌握。

一、手工傳統繪畫工具

手繪類工具其實就是指傳統素描所使用的鉛筆、炭筆、毛筆、彩色粉筆、彩色鉛筆、紙筆等繪畫工具，簽字筆、馬克筆等設計草圖時的繪畫類工具，當然還包括紙張、速寫本、墨水、畫板、畫夾等輔助性材料。總之，能實現快速表現的工具材料都可以算作此類。大家可以根據自己的喜好進行選擇，但是，我建議大家在選擇之前主動地多做一些嘗試。

二、CG繪畫工具

CG繪畫工具是當代普遍被動漫、影視和遊戲相關行業作為標準設計流程所採用的設計工具和方法，是大家必須熟悉和掌握的。

CG繪畫工具使用的硬體主要是用於電腦繪畫的數位板和配套的軟體。在當代，數位板已經不再像以前一樣只是用於影視後期合成編輯和某些特殊的專業領域，而是成為概念設計師和CG畫家的常用工具。在市面上，大家普遍採用的國外品牌有Intuos、Wacom，中國品牌有友基、清華紫光，等等。

CG繪畫軟體在功能方面比前些年有了很大的進步，具有

Intuos（影拓）

能處理多種圖像的複合功能，而且都有繪畫筆刷，能模仿不同繪畫工具的材料效果。這類軟體大家最熟悉的不外乎 Adobe Photoshop，其模仿傳統繪畫工具的筆刷功能在多年前就已經有了很大的 改善，屬於 C G 圖像綜合處理能力最強和應用最廣的經典軟體。此外，專門的數位繪畫軟體如 Corel Painter、Open Cavas 等，在模仿繪畫筆刷和紙紋效果方面的功能都極強。

還有一些專門用於草圖繪畫和塗鴉的繪畫軟體，如 ArtRage 能很好地模仿許多繪畫材料的效果。大家不需要對這些軟體都能熟練掌握，能熟練使用其中兩三個即可。

第五節 速寫技巧與訓練要點

速寫風格與花樣有多種，這在我們的傳統繪畫中已有體現，有以速寫和素描聞名全球的畫家，如德國的門采爾和奧地利的分離派畫家席勒。但不論是什麼風格，對想要成為概念設計師的人來說都應遵循以下幾個基本原則：

一、準確的傳達和表現能力

不論大家選用哪種工具材料———在平時練習的時候可以根據現有條件和自己的興趣愛好來選擇，也不論大家的繪畫過程是怎麼樣的———從外形開始還是從局部入手，繪畫的工具材料和過程是沒有嚴格的規定和要求的，只要能夠準確地記錄、傳達設計者的創意和構思就可以。因為練習的首要目的就是獲得準確的傳達和表現能力。

二、快速造型的訓練

在速寫練習的時候，我們還需要進行直接而快速的造型技巧的練習，在做到傳達準確的同時我們需要兼顧效率。對於概念設計師來說，這是非常重要和必要的。

概念設計所依賴的速寫不同於素描或者其他的繪畫方式，它需要直接的造型手段。速寫訓練不同於素描訓練。畫素描的時候先使用直線概括大的造型比例特徵，然後深入到調子、細節、質感等，有明確的步驟和先後順序，而初學者不通過海量的練習是無法逾越這些傳統的寫生練習的繪畫過程的。概念設計所依賴的速寫需要儘量使用"一次性"到位的繪畫方法。"一次性"並不是指一筆就畫得絕對準確，而是快速而準確地使用畫筆把握角色的造型。在速寫中，我們也會有針對性地解決造型、調子和細節問題，但是我們在處理這些問題時沒有可以明確的拆分步驟，也沒有絕對的先後順序，而是一氣呵成地完成。

三、材料技法和造型、繪畫風格的學習

速寫練習時，大家需要借用快速有效的繪畫辦法來訓練我們的造型能力，作為視覺形象快速傳達的能力訓練之一，這是我們首先需要做到的。

同時，我們需要在進行造型練習時提高我們的藝術積累量和修養，通過直觀的快速造型訓練加強我們的形象積累和形象記憶。

我們可以臨摹經典作品中的各種造型，臨摹不同設計風格的動漫、電影和遊戲等作品，瞭解和理解這些作品的設計方法和藝術處理辦法。這是一個從臨摹到設計、從盲目到明確、從懷疑到自信的必不可少的學習積累過程。這個學習過程雖然是艱辛而苦澀的，卻是從初學者到設計師的必不可少的學習過程。

四、明確練習目的和有針對性地練習

如果大家想要提高自己的練習效果和學習效率，那麼就要明確自己的練習目的和學習要達到的目標。在學習的過程中除了虛心接受老師的教導和朋友的建議之外，大家需要對自己的專業能力和學習狀態有一個客觀、全面的認識與把握，要找到能力上的弱點主動地加以練習和提高。

這一點對大家的練習效果和設計水準的提高至關重要。

五、足夠的練習強度和練習量

沒有足夠的練習強度和數量是無法達到設計所需能力的訓練要求的。當我們能夠把思考的重點從傳達的準確性轉移到設計創意的時候，我們才能專注於設計，才能夠充分地體會設計的樂趣。

在此給大家一個練習數量的建議：每天不低於 10 頁 A4 紙大小的練習量（30 個形象速寫練習），這樣不間斷地練習一到兩年。經過長期的練習以後，當你覺得這樣的練習量對你來說很輕鬆的時候，就基本達到了練習的效果。

當練習到一定程度後，大家對於自己的準確傳達能力的自信心會大幅度增加，這個時候就需要把自己的興趣點和研究目標逐漸轉移到造型和設計的風格上。這個轉變既是做好造型功夫的基點，也是真正進入設計狀態的起點。當達到這個程度的時候，我們自然會更加深入地對之前沒有能力把握的設計問題（包括設計風格、造型細節、表達要素、設計思維細節等）進行思考和實踐研究。

進一步說，這個自覺的轉變是一個量變到質變的學習過程：當我們對設計的方方面面都能夠輕鬆地加以體會和認識，能夠自覺地對設計的各個方面進行研究，並信心十足地開始自己的設計實踐時，我們才進入了專業概念設計師的大門，才有可能為自己設計水準的提升和設計風格的形成奠定基礎。

六、圖形記憶訓練

有時候，設計會在一個缺乏參考資料的環境中進行，譬如遊戲公司的設計師招聘考試，這時沒有辦法調用平時準備的資料，就只有依靠記憶中的"參考資料"了。

不是每個人都有過目不忘的記憶力，但是你可以訓練自己的大腦，增強記憶力。美籍華人設計

師朱峰建議的方法是這樣的："如果你只是在很短的時間裡觀看一張照片，你很容易在幾個小時甚至幾分鐘後就忘記了。譬如說，你能記得今天早上在上班路上見到的所有車輛嗎？我猜是不記得了。這是因為你的大腦把這些放在一個臨時存儲地，當新的視覺形象進來時，這些臨時內容就會被刪掉。如果我們想把這些短期記憶轉換成長期記憶就需要多一步工序，對概念設計師來說，訓練方法就是很快地把這些形象畫在紙上。以引擎為例，如果你能很快地畫出各個零件以及它們是怎麼工作的（可以畫得很粗略，只讓自己看懂就行），你會有更大的機會在以後回憶出來，這不是魔術，而是訓練的結果。"

第六節 速寫與臨摹作品賞析

我選擇了一些速寫作品，一部分是我的學生的作品，一部分是我自己平時的一些練習作品。我們現在對這些作品進行觀摩和簡要分析。

動態速寫練習 彭長生

上面所舉的四個例子是四川美術學院在校同學彭長生平時所做的角色動態寫生練習。就我的觀察，他的速寫本平時基本是不離身的，他會隨時隨地地進行速寫繪畫練習。因為對自己的造型能力有較強的自信心，所以進行這些練習時他直接用簽字筆來繪製。

遊戲角色速寫、臨摹練習 彭長生

上面兩個例子是角色造型的線描練習，使用線描的繪製方式完成。這可以作為紙面手繪結合ＣＧ（電腦動畫）的前期設計來練習。

CG 插畫創作草圖　龔鼎

上面四個例子是已經畢業的四川美術學院動畫專業同學龔鼎在本科期間所做的插圖創作的草圖，造型風格較為時尚，使用 CG 繪製完成。

遊戲角色速寫、臨摹練習　胡照東

　　上面四個例子是已經畢業的四川美術學院互動媒體專業同學胡照東平時的遊戲角色速寫、臨摹練習，使用鉛筆結合馬克筆的方式繪製，造型較為嚴謹，造型細節和線條表現力結合較好，整體繪制較為輕鬆。

　　下面的這些例子是我平時的隨筆練習，題材多樣，包括新聞圖片、電影鏡頭截圖，也有我喜歡的插圖漫畫家的臨摹練習，等等。

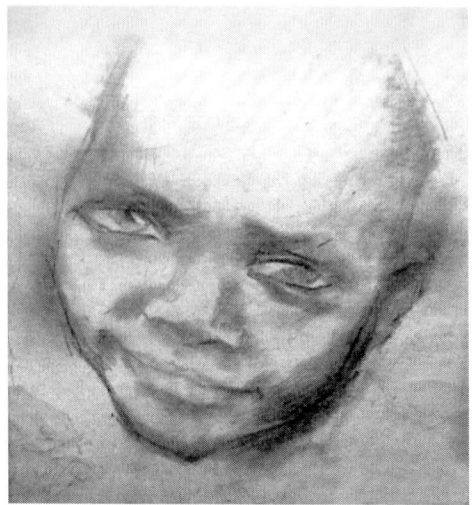

下面這些基本上是幾年前我自己創作的一個系列插畫的手繪草圖，繪製的工具有鉛筆、簽字筆、炭筆和鋼筆水墨。這些作品的繪製方法簡單來說就是從局部入手抓住角色形象最打動你的地方，一次性地快速完成。

思考與練習

1. 常用的數位設計軟體有哪些？
2. 概念設計師應該怎樣建立自己的設計資料庫？

第三章
遊戲角色設計的任務和內容

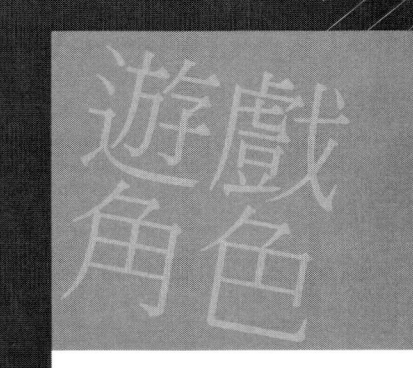

要點導入:

在我們做好概念設計的準備工作後,我們就可以開始嘗試設計。

當代的各種媒體藝術都涉及角色設計的問題,在此我們再次強調:在設計中有一個提得非常響亮的口號是"設計要以人為本"。

設計是人的設計,設計是設計師以滿足玩家和觀眾的需要為目標的設計,設計的表達方式是人所理解的表達方式,在電影、動畫

第一節 遊戲角色設計的任務

　　遊戲角色設計是遊戲概念設計的主要內容，人物類型的角色設定又是遊戲角色設計的主要內容。遊戲的角色並不限於人物，還可能包括生物、怪物、擬人化的機械等，其內容和範圍都服從於遊戲策劃。所以，遊戲角色設計需要的不僅是概念設計師的藝術想像力和繪畫的能力，還包括對策劃案的具體解讀和細緻分析。

　　首先，我們來談一談角色設計的任務。根據設計概念，概念設計師對角色造型的各個方面進行分析與深切體會，盡可能地進行形象假設和相關資料收集，組合、優選出最終的形象創意。

　　我們可以從下面四個設計圖直觀地看出這樣的思路。

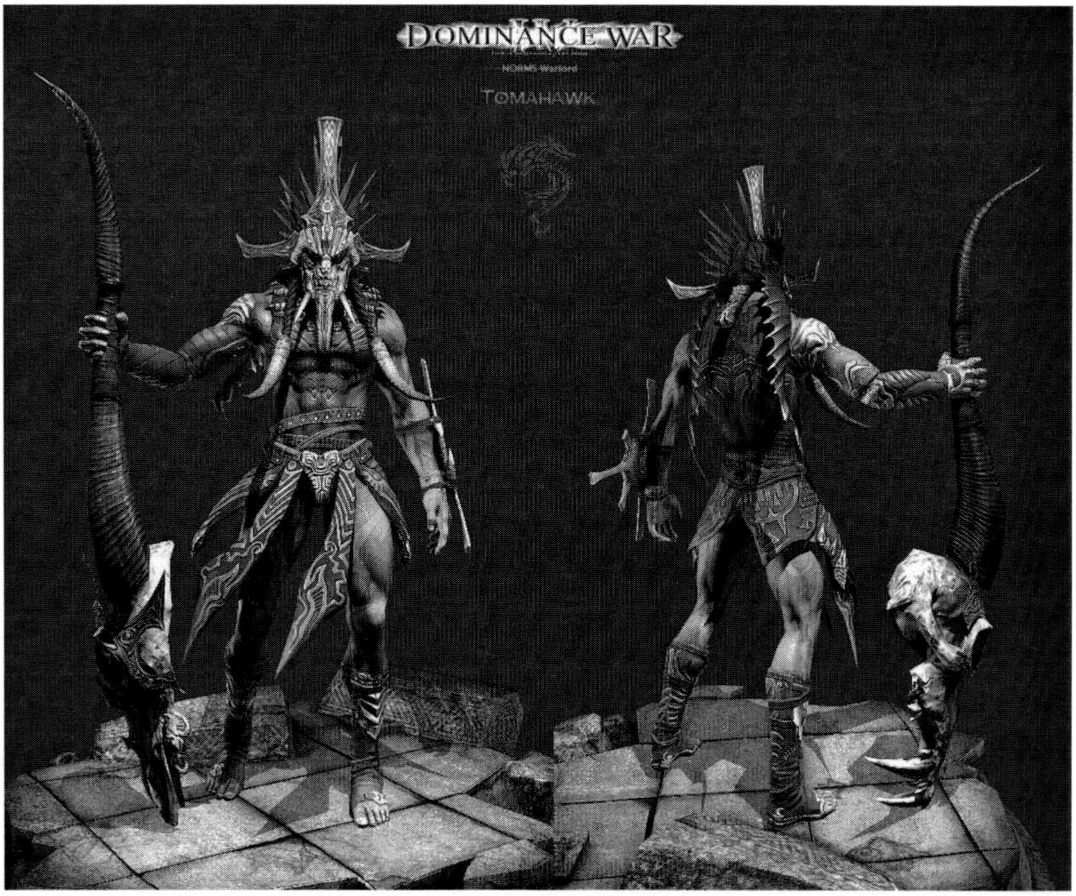
DOMINANCE WAR
NORMS Warlord
TOMAHAWK

EAT
OLD ROBOT HEADS
HELL'S KITCHEN
INITIAL SKETCH (TOO ROBOT-Y!)
WAFFLE IRON
POT
SOULS O' THE DAMNED
NECRONOMICOOK
DEMON LORD
DOMINANCE WAR
POO MESS

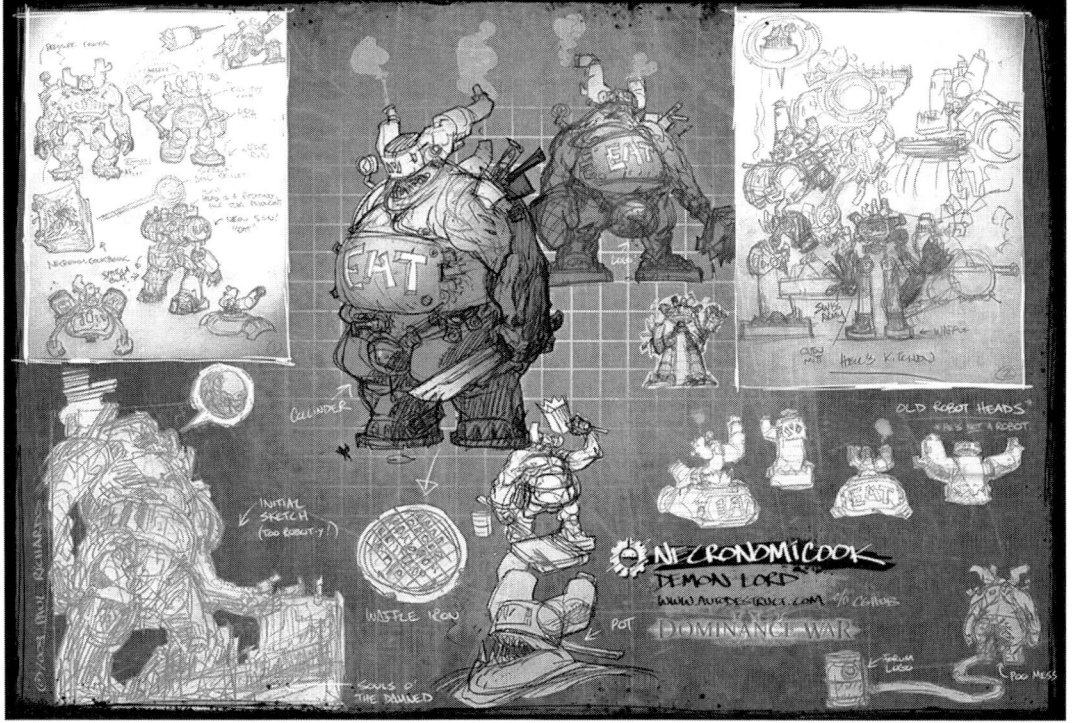

全球遊戲美術比賽優勝作品

要達到這樣的結果並不容易，這是一個包含概念解讀、思維想像、圖形創意、繪畫造型、CG（電腦動畫）表現、邏輯綜合、文字說明與平面排版等綜合能力的結果，需要將複雜的任務劃分成多個子內容和基本程式，逐步來接近和達到我們的設計目標。

第二節 遊戲角色設計的內容

在概念設計中，角色設計大致可以被細化為六個方面：輪廓設計、服裝設計、道具設計、細節設計（頭部、五官、其他細節）、文化形態設計（文化背景設計）和美術風格設計。

遊戲角色概念設計《Blood Lines》 覃靖雨團隊

首先，這六個方面疊加起來形成一個完整的角色設計方案，它們之間既相互獨立又互相影響。

其次，這六個方面在具體的設計過程中沒有絕對的先後邏輯順序，特別是前四個方面，我們只是對角色造型的各個方面跟隨設計思維創意點的先後順序逐步細化和推進。

最後，以上的說法針對的是單個角色設計的內容劃分，系列角色設計需要"首先找到創意的切入點，一點擊破，然後同步調整與深入"。這個道理其實和繪畫創作中的思路是一致的。

在實際的設計任務中，只需要單獨一個角色的情況很少，很多時候需要進行系列化的角色設計。在這種情況下，同樣需要參照初學繪畫寫生時"整體把握"的思路，儘量同步地去推進各個設計的進度，直至設計完成。

從下面的圖例中，大家可以直觀地對遊戲角色概念設計的內容進行認識。

全球遊戲美術比賽優勝作品

思考與練習

1. 遊戲角色設計要求具備的能力包括哪些方面？
2. 遊戲角色設計大致包括哪些設計分支？

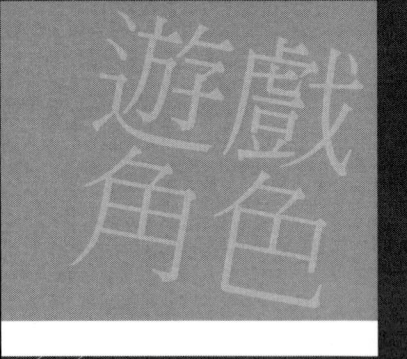

第四章
輪廓設計

要點導入：

　　在前面的章節中，我們已經簡單地提到關於角色的設計內容，根據設計任務和針對的設計物件，可以大致把它劃分為：輪廓設計、服裝設計、道具設計、角色細節設計、文化背景和文化符號設計、美術風格設計。它們既互相交錯又有各自相對獨立的設計要點，本章則重點介紹輪廓設計的內容。

第一節 角色設計的開始——輪廓設計

顧名思義，輪廓設計指對角色的外部輪廓進行的設定，是設計師在忽略一切細節後對角色造型的概括性、整體性的把握。它既是角色設計的開始，也是角色設計的核心。

我們先看一下下面兩個例子：

有聲小說《霧隱占婆》 人物設定 周曦

有聲小說《霧隱占婆》人物設定　謝紅媽

如果我們排除設計中的造型細節把形象用"黑影"來加以表示，我們可以看到設計的角色僅剩下了形象輪廓所包圍的剪影。如果我們把剪影形象再加以概括，只留下代表角色形象輪廓的形式，這就幾乎簡化到了形象設計的極限。如下圖所示：

角色造型剪影表示的就是角色造型的最大的造型特徵。它不但概括了角色造型的最大的形式傾向，而且在系列化的角色設計項目中直接表現了角色在造型大小上的比例。就角色造型的整體比例與角色造型給觀者的最大的視覺識別印象而言，這都是最為重要的造型要素。因為基本的形式在造型思考方面最直接也最簡單，所以可以直接、快速地調整與更改，這正是前期設計需要的。

從設計思維方面來講，如果大家仔細揣摩一下自己的思維就會發現，我們的思維就像河流一樣沒有間斷，而且前後念頭之間也順序井然：後面的念頭生起的時候，前面的念頭就已經放下。所以在設計時我們如果需要探求新的創意與可能性，就需要暫時放下前面的想法。這就需要一個簡單而快速的方法把思考的結果或者靈光一閃的想法記錄下來，比如用一個自己熟悉的記號加以表示。這樣，我們可以暫時放下（而不是丟棄）已經想到的點子和創意，騰空我們的大腦，以便再去尋找其他想法和創意。

這種記錄辦法因其單純、直接、快速，可以盡可能地減少其他因素對思維的干擾和打斷，所以是記錄創意的最好的方法。

但是單純不等於粗糙。不論是輪廓設計階段的草稿，還是已經完成的設計，我們如果暫時放下設計細節只留下設計角色的輪廓,這個輪廓同樣應該具有明確的設計目的與指向,優秀的、經典的設計作品則更是如此。

大家可以體會以下圖片中的設計,我想你們也會有同樣的感受。

獨立製作遊戲《Shank》角色造型

遊戲《雨血》動畫截圖

Pixar 動畫電影《料理鼠王》卡通角色造型

第二節　輪廓設計的形式要素

如果對輪廓設計的形式語言要素做深入研究，我們可以從設計方法上大致把它分為以下幾個方面：

一、角色之間的體量和比例

在動漫、插畫、電影和遊戲中的人物我們稱之為"角色"，其用意之一就是強調這個特定的人物是現有的故事所特指和需要的。角色不僅是現實生活的樣本，而且是結合了現實生活與視覺經驗的"典型"，有視覺形象的代表性、典型性和符號性。大家如果想從事設計這個職業，明確這一點至關重要，只有這樣才可以打破現實主義思維的限制。

針對某個特定的角色造型，我們需要設計的形象一定是這個角色所特指的形象，當然也包括造型中最基本的體量要素。在動漫、電影和遊戲中，一個設計項目通常會包括多個角色，所以角色之間的體量對比關係也就在形式上直接對應設計概念中各個角色在身份、個性等方面的相互關係。換言之，角色之間的體量和比例其實就是角色之間體量大小的對比關係。這一點在動畫和遊戲裡都非常突出，如徐克的動畫電影《小倩》中的角色造型。

動畫電影《小倩》角色造型

二、角色的形式特徵

除了角色體量的比例，最重要的視覺信息就是形式特點，它是角色設計的設計要點之一，會直接影響其後的設計流程，所以，我們通常會把輪廓設計作為角色概念設計的開始。例如黃光劍創作的輪廓設計方案，這是他針對同一設計概念繪製的九個輪廓設計草案，我們可以看到，九個草案中並沒有太多的設計細節和色彩信息，關注點更多地被放在角色造型的整體輪廓的形式變化上。

全球遊戲概念設計比賽獲獎作品——輪廓設計草圖 黃光劍

三、角色的姿態特徵

角色的姿態和角色的動態有聯繫，但是它們強調的重點有所不同。在本書所提的角色概念設計中，姿態更多地是指角色的最慣常的動態，強調的不是動作，而是特定角色展示出的與其個性特徵相一致的放鬆的姿態，在遊戲設計中我們可以理解為待機時的狀態。

德國 Karakter 工作室概念設計作品　　　　　　　角色姿態練習作品

我們可以通過下面的圖例來細緻體會。

從圖中，我們可以看到九個人物不同的姿態和狀態，這是角色概念設計中輪廓設計要把握的非常重要的特徵資訊。雖然他們會有不同的動態，但動作幅度都不大，而且狀態都很放鬆，幾乎是各個角色最平常、最放鬆時的狀態。而這種狀態的把握對於角色整體造型的形式特徵的把握是非常關鍵的，是角色外在形式和角色個性特徵之間非常重要的紐帶。

四、角色的形式特徵的重複與強調

在輪廓設計階段，雖然我們不會深入地進行角色的服裝、道具和其他細節的具體設計，但是會在大的造型形式上加以繪製說明。在設計的時候就輪廓形式來說，最主要的設計方法和思路就是運用基礎的形式造型語言對角色形式特徵進行符號化的反覆應用與強調，加強形式與對應角色個體之間的視覺聯繫。例如下圖所示的例子：

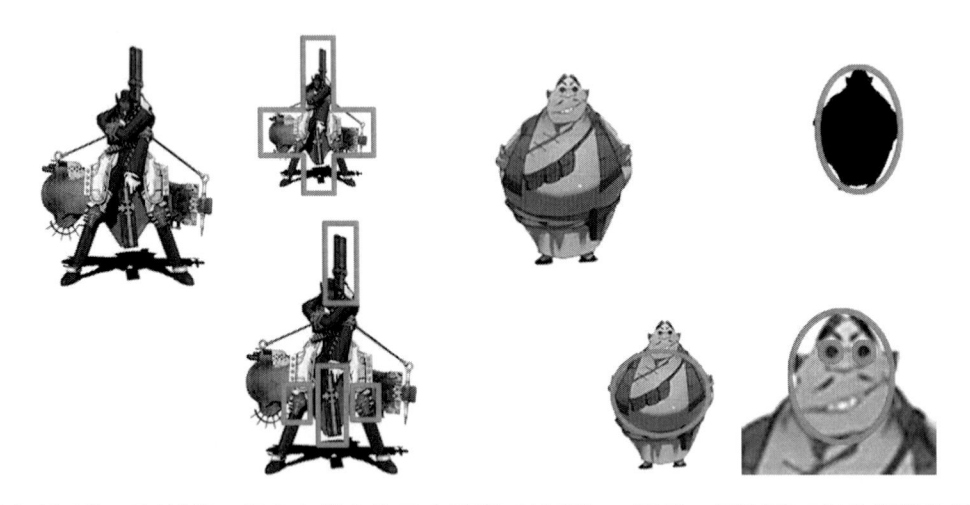

圖中所示的兩個例子一個來自著名的日本動漫《銃夢》，而另一個則是四川美術學院學生所做的設計練習作業，二者都充分地體現了輪廓形式的符號式的重複使用，並以此作為角色標誌性的形式語言符號來反覆地加以強調。大家在具體設計的時候需要將抽象的形式符號和具體的設計形象結合起來，並恰當地進行設計轉換。

第三節 角色概念設計草圖的繪製

針對概念設計任務的設計草圖是前期速寫訓練獲得的準確傳達能力的應用。它包含更多的設計內涵和繪製目的。

一、設計草圖繪製強調直接性和快速化

設計草圖在輪廓設計階段要求簡單、快捷。大家在這個階段首先應該積極地做形式上的多樣性的嘗試，對創意思考的過程做出明確、快速的形象記錄。這就需要筆的傳達速度要儘量跟得上大腦的思考速度。在設計的開始階段，草圖繪製越簡單明瞭越好，因為草圖並不是給別人看的設計結果，而是通過簡單的形象記錄稍縱即逝的想法並刺激大腦產生更多的創意，只要設計者自己明白就好。

二、在初始階段，設計草圖的繪製只針對單個創意點子進行記錄

在設計的初始階段，考慮的問題越單純、範圍越小則越容易產生更多的創意，所以我們在思維方式上和草圖繪製記錄上都要學會把複雜的問題先破解開，然後各個擊破。在設計草圖的繪製上試圖依賴一次性的思考和繪畫就解決問題是不理智的，可以明確地斷言：沒有人可以輕而易舉地一次性解決這麼多的問題，而越有經驗的設計師越會分析、破解複雜的設計命題，再各個擊破，最終完成設計。在設計過程中我們要隨時保持輕鬆的設計狀態，以尋求更出色的造型創意。

在思考創意的時候，思維往往是沒有邏輯的，沒有什麼固定的方向和順序，或許你會突然想到角色的輪廓，或許想到某個部分，或許想到某個服裝的細節，等等。而草圖的作用則是針對這些思維的片段進行記錄。

三、設計草圖的繪製工具要儘量簡單，描畫的形象要小

如下圖所示：

遊戲《戰錘》概念設計草圖

隨著設計的逐步深入和推進，細節刻畫也可以逐漸深入，如下圖所示：

角色設計草圖 彭長生

在前文列舉的黃光劍的獲獎作品的輪廓設計草圖中大家也可以看出這樣的一個過程。草圖並非完成的設計，也不是展示給觀者的作品，並不需要像繪製完成的設計那樣完整，更多的是就同一設計概念儘量地做出設計的假設和創意思維的形象記錄。這個過程是設計創意的核心階段，在實際的設計任務中耗費的時間和精力往往最多。

第四節 案例分析——《閃靈悍將》雙子偵探人物設

我們來簡要分析一下漫畫《閃靈悍將》雙子偵探的造型。

這兩個漫畫角色在故事中有著共同的職業——警探。這兩個角色在造型上首先體現了職業共性：富有張力的造型和突兀的髮型給觀者幹練的印象。其次，手槍的道具細節體現了他們的職業與犯罪、衝突的直接關係。最後，他們的著裝就是當代美國警匪片中的便衣警探的典型裝扮。

需要大家瞭解的是，在設計概念中，設計師把他們確定為兩個個性互補的角色。通過造型我

《閃靈悍將》雙子偵探角色造

就可以感受到：兩個警探（身材較瘦小的我們稱為"瘦子"，而另外一個我們稱為"胖子"）中，瘦子看上去精明幹練，而胖子身材魁梧，看上去強悍有力。 為什麼可以讓觀者自覺地形成這樣的視覺印象呢？運用前文所講述的外輪廓形式的理論可以發現，瘦子在造型形式上非常尖銳，身體在造型上向內凹進一些，身體轉折處的處理上都呈現銳利的尖角形式，一雙腳的造型更是尖銳得像兩把短刀，他所攜帶的手槍的造型形式也是偏向於細長，與整個角色的形式意味保持一致。整個角色造型形式給觀者的感受像一個尖銳的錐子，似乎可以"刺透"一切假像。

而胖子的整個身體的體量大很多，甚至他坐著時也接近瘦子站立的高度。整個身體形式較為寬闊，向外擴張的弧形看起來穩定，有很強的擴張性。所以他一定是一個穩重而富有力量的角色。

第四章 輪廓設設

第五節 案例分析——《花木蘭》人物設定

在動畫電影《花木蘭》的匈奴可汗、漢朝將軍、漢朝皇帝和侍女的幾個角色的設定方案中，大家可以清楚地觀察到前期輪廓設計的要點。

動畫電影《花木蘭》角色設計

這是二維動畫電影的角色設計，因為技術應用的需要，角色的造型設計語言更加概括。電影播放時間的限制使得電影的角色設計更加突出角色的識別特徵，我們必須在幾個甚至一個鏡頭的有限畫面和時間內給觀眾明確的形象特徵。

下面我們嘗試對這幾個角色的輪廓設計思路進行簡單分析。

首先我們可以用簡單的倒梯形組合、方形、三角形和橢圓形分別來對匈奴可汗、漢朝將軍、漢朝皇帝和侍女的輪廓形式進行概括。

倒梯形組合形式的四個角都有很強勢的向外擴張的趨勢，以此來對應匈奴可汗作為外族的侵略者的身份。而且，這個角色的體量和比例是這四個角色中最大的，作為這個角色的象徵道具——弓箭和獵鷹也進一步加大了這個角色的體量和擴張性。

漢朝將軍作為匈奴可汗的對手，在輪廓形式上選擇了保守、呆板的方形來作為這個角色最大的輪廓形式，傳達和暗示了這個角色平庸、保守的性格。漢朝將軍與匈奴可汗在體量之間的對比明確表示了二者在力量、能力上的巨大差異。這也符合電影中的劇情：漢軍面對匈奴的軍隊一觸即潰後，漢朝邊關告急，這才引出木蘭從軍的故事。

漢朝皇帝和侍女的輪廓形式：三角形和橢圓形分別對應他們各自的身份特徵。前者作為帝王，三角形的視覺形式具有穩定性，四者中最高身高的設計也表明了帝王的高貴身份；而橢圓的外形把侍女和幾個男性角色在形式上區分開來，傳達出女性的個性特徵。

我們不要把外形的輪廓設計理解得很簡單，或者認為它在設計思維上很平面；相反，優秀的角色設計在形式設計上一定是明確而細緻入微的。

此外，輪廓設計裡所強調的細節不一定是視覺上繁複的形象，而是在視覺形式上明確而細緻到位的傳達和表達，並且這種視覺形式語言的特徵充斥角色造型的各個方面，從體量形式到細節形式都有角色個體明確的造型特點和對造型形式語言的反覆強調，並以此來加強角色的個性形式。

大家可以對《閃靈悍將》中雙子偵探的人物設定細節再進行一次分析，以此作為我們進入下一章學習的預習功課。

思考與練習

1. 嘗試對自己喜愛的遊戲角色概念設計作品的輪廓設計進行具體的分析。
2. 輪廓設計階段包括的設計要素有哪幾個方面？
3. 請依據下圖就角色形式特徵的重複與強調進行具體的分析。

游戏角色概念设计

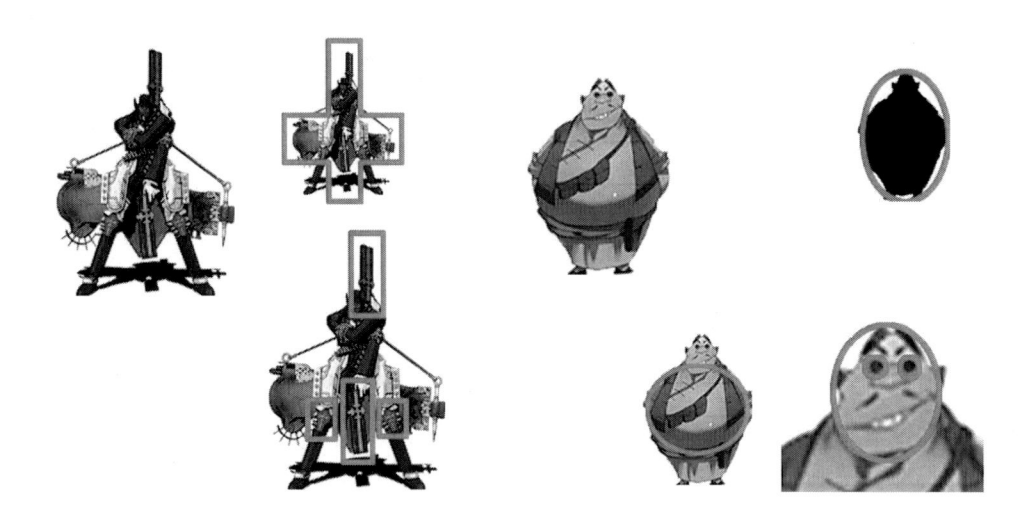

第五章
角色的服裝、道具與細節設計

要點導入：

　　服裝、道具是角色設計的重要組成部分，它們不但直接影響輪廓設計，也和文化形態設計與設計細節的內容有著密切的關係。角色的服裝、道具設計不但有自身不可替代的設計任務和作用，也有自身特有的設計規律與設計方法。

第一節 服裝道具設計對角色輪廓設計的直接影響

　　服裝和道具在角色的設計中不但能傳達職業、身份等概念資訊，也會對角色的輪廓設計產生突出的影響，甚至在有些特定的情況下是識別角色身份的關鍵性資訊。

一、改變角色整體的輪廓造型特徵

　　對於下面所列的這兩個角色，很多同學並不陌生，它們都是日本動漫中的經典角色。這兩個角色的道具的體量都比較大，道具疊加在角色身上的時候不但直接擴大了角色的體量，而且改變了角色的輪廓形式。

日本動漫《銃夢》《俠客行》經典角色設計

二、擴大角色輪廓的體量

下面三個角色都通過道具使各自的輪廓體量有了很大的擴張感。

遊戲、動漫角色設計

三、直接影響角色的姿態與狀態

重量感較強的道具會直接對角色的姿態產生明顯的影響，如下圖所示。

遊戲、動漫角色造型

四、角色的個性狀態的外化

在下面的兩個設計中，設計師都使用了生活經驗和形式視覺在心理感受上突出的形象和形式（比如羽毛、荊棘）來表達和象徵角色概念中不能直接用形象表示的概念，比如高貴、輕盈、矛盾、格格不入等。

遊戲、動漫角色造型

服裝道具和輪廓設計是相互滲透、相互影響、共同表達的，我們在此強調的是不同的思維方向，但是不代表這幾個方面是互不相干或格格不入的，這點請大家特別注意。在某些設計中，一個服裝道具的設計方案不但改變了主角的形式特徵也增加了其體量空間，或者具有明確的形象象徵性，這需要大家就具體的設計專案進行分析和把握。

第二節 角色的服裝道具與細節對設計資訊的傳達

傳達恰當的設計資訊是概念設計的基本任務和內容，而在角色概念設計中這個任務主要由角色的服裝道具來承擔。角色概念所附帶的資訊往往不是單一的，而是多層次、多維度的，這就對服裝道具的設計提供了開闊的設計空間和多維度的設計思考的可能性。

通過簡單的分析我們就可以知道：服裝道具和相關的設計細節所傳達的資訊既有觀者或玩家可以直接解讀的淺層次的、顯而易見的資訊，如角色的職業、身份等，也有角色與角色之間的關係、態度、立場、派別等間接資訊，此外可傳達角色成長或其他方面的一些資訊。不同主題、應用方法和整體藝術作品的風格差異都會帶來角色的服裝道具與細節設計的差異。

我們從開闊的藝術視角，就動漫、插圖、電影與遊戲中的角色服裝道具設計的具體實例來分析，從而幫助大家瞭解。

一、角色的身份、職業資訊的直接傳達

在右圖所示的插畫角色造型中，我們可以很輕鬆地把握角色的職業、身份的資訊，我們可以輕而易舉地辨認出吹風笛的樂師、拿斧頭的武士、紡線的老人和修鞋的鞋匠等。這樣的例子非常多，大家可以去嘗試分析。

歐洲插畫角色造型

二、角色的態度、立場、派別及其與其他角色之間的關係等複雜、間接信息的傳達

這與職業身份的傳達相比則更加複雜，已經超越了單一角色的範疇，涉及角色之間、角色群體之間的複雜關係。這往往和劇本上的情節與發展有著密切的關係，在角色的設計上我們需要對各個角色有相應的設計思路和設計方法。

我們借助大家都很熟悉的電影《駭客任務》的角色造型設計來舉三個例子，因為從角色概念設計的方法上來說，電影和遊戲的角色設計是一樣的。

電影《駭客任務》角色造型一

第一個例子是其中的三位女性角色，如上圖。在圖中，左側是明星莫妮卡·貝魯奇飾演的穿淺色套裙的女性角色，她在電影中是一個典型的安於享樂的花瓶型女性角色，和另外兩位女性角色在立場上分屬對立的兩派。而中間和右側的兩位角色都是精幹、堅韌的人類駭客戰士，她們和前者之間有著立場、身份和職業上的巨大反差。

在角色服裝設計方面，柔軟的淺色套裙和深色、錚亮的皮衣的差異很好地體現了三者的區別，而手套、墨鏡和髮型長短的差異則更加強調了這一點。

在第二個例子中，我們仍然以《駭客任務》的角色造型設計來論述服裝道具在角色塑造方面的作用。

如下圖，我們首先從服裝的顏色來分析。左側的角色和中間的兩個角色（病毒兄弟）是雇主和保鏢的關係，而全身淺色的服裝則直接暗示出了這三者之間的共性。而中間由香港影星鄒兆龍飾演的角色的裡黑外白的色彩設計則準確地傳達了他的立場：從表面上來看他和左側的兩位立場一

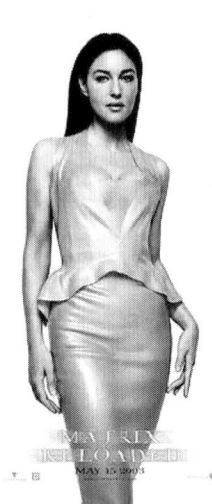

電影《駭客任務》角色造型二

致——都是電腦程式製造的"數位人"，而實際上他的身份是母體工程師的保鏢，和影星基努·裡維斯飾演的人類駭客戰士的立場一致。

其次從服裝式樣的細節選擇上分析，其他角色都穿著西方文化所對應的服裝，不論是套裙、西裝風衣還是皮衣，而只有鄒兆龍飾演的角色選擇了典型的中國武師服裝。對於服裝的式樣，概念設計師為什麼這樣選擇呢？我具體解讀如下：

電影中，人類駭客戰士的服裝更多地參考了美國較為前衛、時尚的服裝設計，給人精幹而個性十足之感，以此來區別電腦幹探的聯邦調查局官員的重複、刻板的形象。他們的對比與反差傳達了現實生活中互聯網工作人員和政府機構工作人員的不同特徵。

而母體工程師的保鏢的對襟式中國武師服裝，非常好地暗示了他在故事中獨特的角色身份和立場：他的職業是一個能力超群的保鏢，他和他所保護的母體工程師是兩派之外的第三股力量，他所遵循的保護弱者、和諧共存的觀念恰好符合中國天人合一的

電影《駭客任務》角色造型三

哲學思想。設計師以此作為設計概念的依據，特別為其選擇了中國傳統服裝。

在電影《駭客任務》角色設計的第三個例子中，我們進一步來解析服裝道具的設計細節對於角色之間的複雜關係的傳達作用。

上圖中，兩個角色的細節設計有著前面兩個例子的共同性：兩者都是黑人，穿深色的鱷魚皮外套，戴墨鏡，都拿著兩支自動武器。這些設計的細節疊加在一起充分地傳達了兩人一致的價值取向。影片的情節設計也是如此，他們不但是同一陣線的戰士，是飛船的船長，而且還是戀人關係。

這三個例子都充分體現了概念設計師在服裝和道具設計方面的精心思考與深入研究、推敲。

三、角色的成長與變化的資訊傳達

角色的成長過程在動漫、影視和遊戲的概念設計中都有很多的例子，例如日本著名的動漫作品《聖鬥士》中的五個主角在"青銅─白銀─黃金─神鬥士"四個成長階段中的成長過程。而在大量的角色扮演類的網路遊戲中則代之以角色等級和裝備的提升。

從角色等級和裝備的提升過程中，我們可以看出非常顯著的從簡陋到華麗、從低級到高級的形象變化。從角色概念設計的角度來看，其實質就是固定的角色類型（例如遊戲中的職業、門派、種族等）的服裝道具的系列化設計；在造型設計的方法上，其實是在角色輪廓設計的基礎上的服裝道具由簡到繁的系列化設計。

這樣的遊戲類型使玩家不停地提升角色的等級和裝備，這已成為網路遊戲的主要內容，使得大部分網路遊戲角色的服裝道具的系列化設計成為設計者主要的設計任務。這樣的例子在當代流行的網路遊戲中比比皆是，例如下圖所示的遊戲《巫師》中角色的服裝道具設計。

遊戲《巫師》角色服裝道具設計

很多影視類作品也有類似的角色成長例子，只是變化的幅度更大一些，甚至可能是同一角色脫胎換骨式的氣質的轉變。例如下圖所示的電影《駭客任務》中主角尼奧從鬥士（精幹特務形象）到救世主（精神能力的超人）的轉變。

電影《駭客任務》角色造型四

四、時代、地域方面的文化形態的傳達

角色的服裝道具設計作為文化形態設計的要素可以直接地對設計概念中的時代、地域與文化特徵進行明確的表示和傳達。而某些典型的服裝式樣本身就是典型的文化符號，有著很強的代表性。例如右圖的兩個例子：它們是日本漫畫家田中達之設計的漫畫角色，機械和人物的組合明確地傳達出機械工業時代的文化特徵。這類例子很多，特別是在角色扮演類型的遊戲角色設計中，大家可以自行加以分析。

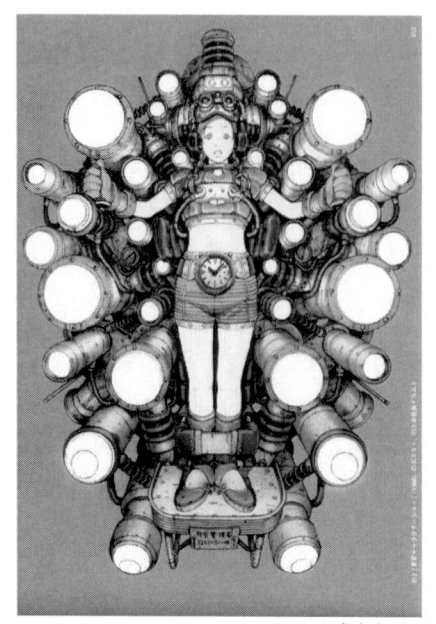

漫畫角色造型設計　田中達之

第三節 角色服裝道具的應用與設計方法

一、角色服裝道具在遊戲中的應用

角色的服裝道具設計在遊戲的交互性、娛樂性中，在遊戲內容設計和角色升級中具有不可取代的作用。事實上，在各種類型的遊戲中，只要存在遊戲角色和遊戲內周圍環境的交互就必然涉及角色服裝道具的設計與應用。

例如下圖所示的法國育碧公司開發的遊戲《刺客教條》中的刺客主角的服裝、道具設計。

遊戲《刺客教條》角色服裝、道具設計

二、角色服裝道具的設計方法

在前面的實例中我們已經提到設計思路和方法，根據不同的設計題材、風格和類型，我們進行如下分析。

1. 資料的收集與組合

對於時代、地域和文化形態的概念傳達，最直接的方法就是資料的廣泛收集和恰當的組合與應用，這是最基礎和最普遍的服裝道具設計方法。例如歷史題材電影《角鬥士》中的設計。

這個例子是這一類服裝道具設計方法的典型，《角鬥士》本來是一個典型的歷史題材電影，電影劇本源於真實的歷史故事。為了儘量達到還原歷史的藝術效果，設計製作方在服裝道具的設計方

電影《角鬥士》截圖

面和資料收集上下了非常大的功夫，不但找到當時的服裝、武器、道具的圖樣，並且使用與時代吻合的方法進行複製，還聘請相關的歷史專家進行考證和指導。其嚴謹、細緻的概念設計態度與恰當的設計方法使電影達到了"還原歷史的真實感和身臨其境的藝術感受"的效果。

另一個例子是電影《斯巴達300勇士》的設計，如下圖所示。

電影《斯巴達300勇士》截圖

這是一個根據真實的歐洲歷史而改編的電影，相對於《角鬥士》而言，電影導演用不同的風格和不同的創作方法，造成了這兩個作品在整體的藝術風格和設計要求上的巨大差異，體現了同類設計概念的不同設計風格：前者像歷史再現，而後者更像同一題材類型的動畫或漫畫。

2. 同一服裝下著裝方式與細節的改變

我們可以通過穿著方式的細節設計的改變來表現不同角色的氣質與特點，如下圖所示。

電影《康斯坦汀：驅魔神探》截圖　　電影《魔鬼代言人》截圖

在這個例子裡，我們可以看到同一個演員在不同的電影裡雖然都穿著深色的西裝外套、白色的襯衣，打領帶，但是給人的造型感覺相去甚遠。

造成這樣的造型差異的最主要的原因就是穿著方式在細節上的差異：前者的穿著方式較為隨意，外套敞開，領口扣子鬆開，領帶鬆鬆地繫著；而後者恰好相反，刻板嚴謹、一絲不苟。這樣的處理非常恰當地表現了兩者在生活態度、職業習慣和角色氣質上的差異。

3. 設計新式樣的服裝和道具

首先需要大家一起來討論一下什麼是"新式樣"。

其名詞解釋當然是"前所未有的式樣"，這是現實生活中的常規邏輯。在概念設計中，"新式樣"指設計的形象帶給觀者的新的視覺印象。這個形象和觀者所熟悉的現實生活的視覺體驗有所不同。進一步來講，概念設計裡的"新式樣"其實更多的是指大家所不熟悉的、陌生的、超越大家生活中視覺習慣和視覺經驗的式樣。

我們在復古風格中、在陌生的文化形態中採取形象參考、"錯位組合"等方法往往是有效的設計思路和解決辦法。

電影《星際大戰》角色設計截圖

例如上圖，美國電影《星際大戰》中的這幾個設計例子。這個科幻電影的經典造型中的服裝設計結合了日本古代武士的頭盔、鎧甲的造型（復古）和現代的機械組合技術，形成新的造型細節和材料質感；使用"錯位組合"的設計思路創作了超現實感的邪惡的未來反派領袖形象。骷髏造型的反派，其下級士兵的服裝設計也如出一轍。

而圖中左上方的絕地武士的服裝造型來自基督教修道士的道袍和東方古代武士服裝造型的結合；修行者和古代武士這兩個概念的"錯位組合"很好地對應了他未來超能力武士的形象概念。

在電影的女王造型中，我們可以看到藏族新娘的頭飾（在陌生的文化形態中尋找形象參考）和日本藝妓服飾、化妝的組合。不同文化背景的裝束的"錯位組合"輕鬆地創造了大家不熟悉的全新視覺形象。

在前面的例子中我們分析的重點更多地放在了角色的服裝設計方面，現在我們對道具設計的內容再做一個簡短的補充，以此作為本章的結束。

道具的設計可以被看作是人物設計的外延和標識。在某些時候，一個成功的道具設計會成為某個角色的標誌，當觀眾一看到某個熟悉的道具，甚至是很細微的一個細節設計時，就會由它馬上聯想到某個特定的角色。

在進行角色設計的時候，概念設計師往往會根據角色生活的各個方面和故事情節的需要為其設計相應的道具。通常，道具設計有兩方面的考究：一方面，道具是角色性格或生活中某方面的外延和標識；另一方面，道具也可能是故事情節的推動者和見證物。有時二者兼有。

前者如動畫片《浪客劍心》中劍心的劍，它一方面表明了角色的職業和身份，另一方面也暗示了角色性格中的矛盾；後者如動畫電影《千年女優》中打開畫箱的鑰匙，它不但是推進故事發展的重要元素，也是故事主題的象徵，是故事更深層次的主題的形象暗示。

道具設計在概念設計中是一個相對複雜的設計專題，往往和場景設計、機械設計等專題有著密切的聯繫和內容上的重疊。一般來說，道具和角色的造型密切相關，關係緊密的我們稱之為道具，而關係不那麼密切的我們可以把它看作場景的組成部分。對此有興趣的同學可以就這個思路深入研究下去。

思考與練習

1. "錯位組合"的設計思路在設計應用時應注意哪些問題？這個設計思路在其他的概念設計領域也同樣有效嗎？

2. 角色的服裝道具設計對其輪廓設計有什麼影響？

第六章
概念設計的前設計階段

要點導入：

　　雖然我們在前文中提到角色概念設計可以由任何的一個點開始，並由此作為設計的突破口進一步完善我們的設計。但是在大多數的情況下，特別是針對像遊戲這樣的系統化設計，我們會有一個基本的步驟和逐步完成的方法。

　　我們可以就設計思維的感性創意、理性整理，選擇、組合這兩個主要的思維方向，把設計的過程大致分成前設計階段與後設計階段。這兩個階段前後相接，有不同的任務要點、思維模式和技術能力要求。

第一節 前設計階段的主要任務

前後的概念區分屬於時間和流程的範疇，在此處也是如此。前設計階段主要是從時間與設計的順序來劃分的。

在這個階段，我們強調思維的開放性、多樣性、突破性和非常規性。

首先我們需要完整、理性地認識和把握現有的設計任務；其次，能夠針對已有的題材或相似的設計風格做出整體思路上、細節上或者藝術風格上等各個分支上的創意突破。這是這個階段的主要評價標準。

在規定的時間條件下提出的創意越多（並不一定都合理有效、都採用），那麼你的思維向度越廣，創意的思維能力也就越強。

在這個階段，我們的任務重點主要包括以下四個方面。

一、設計概念的深入分析與思維創意的發掘

對於設計概念，本書給予了相當的篇幅與筆墨來講解。我主要想強調的是，設計不是簡單的模仿和重複練習，並不是做足夠多的基礎訓練或者模仿主流設計風格就可以達到理想效果的，這只是設計開始前的準備與積累。

二、設計物件的資料收集

在設計中，有經驗的設計師都很強調收集資料的工作，這不僅需要平時的積累來建立自己的設計資料庫，而且在針對具體的設計主題的時候，更需要針對設計目標進行更加細緻的資料收集來支撐我們的設計。

資料收集工作的廣度和深度在很多時候反映了設計師思考的廣度和包容性，如果能夠在第一印象強烈的資料中找到對應的設計資料，這個工作就做得更加到位了。

三、設計創意的草圖繪製

當我們有了創意以後，我們需要用直觀的形象、文字來加以表示和說明。草圖一方面起到記錄和直觀描述的作用，另一方面能讓我們暫時放下已有的想法繼續思考其他的可能性，這是創意性思維中非常重要的方法。接觸概念設計不久的初學者應該主動地適應和訓練這種思考方式，並逐漸把它變成一種條件反射式的本能的形象思維習慣。

四、設計概念的形象詮釋和初步歸納整理

首先，概念設計是形象的設計，不論我們有多麼了不起的想法和創意，最後都要落實到形象上。形象的描畫和說明是概念設計根本的、主要的外在表現形式。

其次，面對眾多的細節和設計創意的碎片，我們需要將其整合成完整的形象，不論是角色、場景還是別的設計項目，都是如此。我們或許有能力對同一設計概念提出多樣的設計構想，但是始終要選擇出唯一的一個方案，而且"選擇"本身有時就是設計的重要內容。

第二節 前設計階段的思維方法

在前文中，我們提到概念設計的創意思維是可以訓練和強化的，是有模式可以研究、學習和掌握的。簡單來說，概念設計中的創意思維就是發散式的思維模式，基本等同於思維創意，它並不是指某種特定的思路或者想法，而是多樣的思維方法的融合。

生活中應用得最多的通常是正向的思維方法，從思維向度上來說是單向的、直線式的、直指目標的。很顯然，這樣的思維結果也是最直接、最普通、最表面和最常規的，這是普通人不需要思維訓練的自發的思考習慣。如果我們用與之相反的思路來思考問題則可以稱之為逆向思維。如果我們把思維看作一條線，這兩者是從線的正反兩個方向來進行思考，通過兩個方向的思考我們很顯然會得到不同的思維結果，而且逆向思維的結果往往是不可預料的。

但是人的思維應該是超越現實空間的全方位的思維，如果從思維向度上來看，人的思維擁有多個維度與不同的深入程度。如果按照這樣的邏輯來簡單推想，這樣的思維結果的數量是以幾何倍數遞增的。而這樣的思維方法我們可以簡單總結為發散式的思維模式。

發散式的思維模式最主要的作用是使我們擺脫固有的思維方式和方向，多方面、多角度地對同一事物進行思考和拓展。它最大的作用體現在拓寬思維的廣度和思考角度這兩個方面，而這兩個方面的思維拓展能力將直接決定我們的創意思維能力。由此我們可以看出：

（1）在前設計階段，我們如果想要把設計做得有創意，在思維方法上我們需要擺脫平庸和粗淺，我們需要在文字概念提供的資訊下盡力地拓展我們的思維廣度，在此基礎上選擇恰當的思維角度來進行有針對性的思考、設計，打破舊有的成見，突破已有的經典設計作品。

（2）沒有天生的設計師。大家要知道，思維能力的培養對任何一個想成為設計師的人來說都是一個漫長的過程，這個過程需要投入很多的時間和耐心，沒有秘訣或者捷徑可言。在概念設計的領域裡，優秀的概念設計師首先是一個具有創新能力的思考者，其次是一個技術精湛的畫家。

（3）在數學的幾何理論中兩點之間直線最短，但是這個理論在大多數的時候不適用於概念設計。在藝術設計中，往往是發散式的，"錯位"式的想法能夠讓人眼前一亮。

第三節 創意思維能力的培養

在前設計階段，設計任務的要點在於能夠根據文字策劃的內容去探尋設計創意的可能性，不論這個點子是否會被採納或者是否有深入的可能性，我們都需要主動地去探求和挖掘。在這個階段，針對同一個文字策劃內容能夠提出越多的設計方案，則表示其設計的天賦越是突出。

那麼，大家就要問了：既然這種創意的思維能力是天生賦予的，那學習的價值和意義何在呢？其實這種思維能力並不是不能通過學習和訓練來加以強化的，我們大致可以把這種能力的學習歸納為以下五個方面。

一、文字的解讀和理解能力

概念解讀有其自身的具體要求，並不限於明白表層的字面意思，而是應該盡力挖掘文字的豐富內容與多樣的可能性。關於這個方面的內容，本書前面已有介紹，在此不再重複。

二、個人想像力的培養

大部分優秀的概念設計師對生活和文化的不同層面都會有所瞭解，並且有自己相對獨立的看法。為什麼會如此呢？因為他們通常對生活的各個方面都保持著"好奇心"，對於像萬花筒一樣豐富的生活內容充滿了興趣和想要瞭解的欲望，渴望瞭解多層次、多層面的文化。

想像力的培養就是要讓自己去接觸像"百科全書"一樣的生活文化。文化的學習與積澱源自生活的細節，並不是只存在於課堂。我們應該習慣在生活、娛樂、旅行和學習中擴展自己的知識面，在電影、電視、動物園、書本、電子遊戲、博物館等各個地方開始自己的學習。一個思想獨立、富有想像力的人首先是一個對生活充滿熱情，對未知事物保持好奇，知識廣博的人。

中國有句老話："讀萬卷書，行萬里路。"當代的國學大師南懷瑾先生做了一個很有趣的補充和擴展："讀萬卷書，行萬里路，還應該交萬個友。"當代，個人的生活內容和生活空間都比以往的任何時代有了擴展，我們的學習應當是多層次、多層面和多樣的，既包括我們的專業技巧，也需要我們提高對現實生活和周圍世界的認識。

回到我們的話題，怎麼培養個人的想像力呢？在這裡我想引用華裔概念設計師朱峰的敘述來做一個簡要的回答：

"怎麼去充實自己的大腦？很簡單，看書、看電影、看電視、看雜誌，同時多旅遊，去遊覽城市的不同地方。因為看照片內容與親身經歷會有完全不同的體驗。你應該不停地學習。有個無法解答的問題，那麼就去尋找答案吧。想像力就是這樣培養起來的……你的事業發展跟你願意學習多少新知識直接相關，如果你只專注一件事情，那事業成功的機會也會很小，或者完全不能前進。"

三、形象思維習慣的養成

我們所有的思考、想像都需要立足於具體形象的思考,與此相左的想法不能說毫無關係,但至少是不直接的和沒有多少價值的。我們的設計是建立在可以直接感受的視覺形象上的,設計中附帶的說明性文字是次要的和間接的,是為概念設計的創意提供補充性說明的。

原因很簡單:首先角色概念設計中的角色在整個專案中還只是一個半成品;其次,我們的設計是根據某個分支概念有針對性地完成的,完整的遊戲世界觀的內容不但需要把這些設計形象放在一起來表達,還需要整合許多如動畫、遊戲程式、背景音樂等多樣的藝術形式來共同完成;最後,概念設計會用自己的藝術語言和專有的表達方式來表達,這是任何一種藝術形式存在和區別於其他藝術形式的前提。

那麼,概念設計、角色設計就是需要用有創意的角色形象來傳達文字內容中的抽象概念,所以我們的設計思維也一定要圍繞形象的創意來展開。初學者要養成有意識地、主動地培養自己的形象思維的習慣。

四、多維度思維習慣的養成

生活中,絕大部分人都無意識地保持著思維定式,每日重複性的工作和生活讓大家只是被動地接受,自覺地遵守甚至固執地維持自己的思維定式。

在日常生活中,這樣的思維習慣並沒有不好的影響,但是,它在概念設計中是致命的弱點,設計的本意就是要打破不合理的、不需要的、固有的思維模式。前文提到的發散式的思維模式其實就是打破常規的思考方式,這恰好就是我們概念設計師所需要的思維模式。

五、獨立藝術人格的培養

這個話題聽起來更像是在談人格的修養,似乎和我們的設計並沒有直接的關係。但是這對於一個設計師來說是必備的、至關重要的專業素質修養。

優秀的設計師需要去探尋領域中陌生的、不熟悉的角落,並且在這個過程中充實和成長。這不但需要知識的儲備,更需要獨立的藝術人格和藝術價值判斷能力。我們很難想像一個唯唯諾諾、人云亦云的人能夠接受這樣的挑戰,並有所建樹。

思考與練習

1. 概念設計的設計階段劃分為哪幾個階段?
2. 前設計階段的設計與工作要點是什麼?
3. 前設計階段有什麼思維特點?

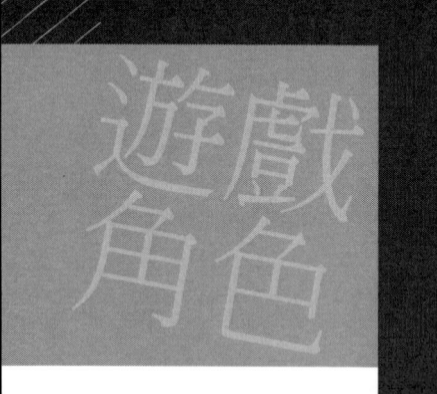

第七章
設計概念圖

遊戲角色

第一節 選擇與組合

不論我們有多少創意與具體的細節設計，最後的結果都是設計師根據設計概念和已有的設計進行解讀、比對、篩選、組合，這個選擇與組合的結果是唯一的，設計概念圖就是這個唯一結果的產物。

設計概念圖從方法和設計邏輯上來說，其實就是排除已有的類似題材的設計方案以及相對不夠恰當的設計創意，所以，我們也可以認為設計概念圖是前設計階段的設計思路的階段性總結。

那麼選擇的標準和組合的思路應該怎麼把握呢？我認為應該注意以下幾個問題。

一、體現設計概念

這個是概念設計的創作目標和原則。設計概念圖必須能讓觀者明白概念設計的意義，即設計的圖形和形象給觀者的第一印象，在排除文字解讀和其他輔助性的說明方法之後的直接的視覺形象感受。這種感受應該是直接的、明確的，觀者不用通過頭腦思考就能明白和接受的。

二、設計的整體性和細節的豐富性

當我們進入概念設計圖的歸納和繪製階段，我們前面提到的輪廓設計、動作姿態、服裝道具和細節的設計都已經具備一定的選擇方案和資料。在這個階段，我們需要對已有的草案進行設計上的深入和細節的豐富，在深入和豐富設計的過程中我們必然會在整體和細節之間產生一些矛盾。

能否處理好這個矛盾取決於我們的繪畫水準和美術審美能力，也就是我們常說的審美經驗。因為概念設計的學習和其他藝術學習過程一樣，需要藝術實踐與經驗積累。豐富的設計經驗自然會為設計者提供更寬闊的思路和藝術敏感性。而這種看似簡單的藝術直覺是設計師解決設計問題的利器，能夠幫我們處理好設計整體和設計細節之間的關係。

三、設計造型風格的獨特性

在當代，各種資訊的傳播途徑具有多樣化的特點，不論是商業類型的設計還是獨立創作類型的設計都需要在視覺造型風格上注重個性，與同一時代和題材的作品有所區別，否則會成為某個成功作品的陪襯。

前段時間的網路遊戲的發展過程就可以證明上述觀點：在網路遊戲火熱的時期，因為市場的空缺和玩家的陌生感等因素，許多雷同的網路遊戲曾經有不錯的商業成績。但是，隨著市場空缺的填補和玩家的審美疲勞，很多缺乏前瞻性和個性的作品都遭受顛覆性的挫折。

第二節 內容與規範

　　設計概念圖不但是對前期設計概念的重新解讀和備選方案的選擇與組合，也是概念設計核心內容的記錄、傳達方式，所以設計概念圖在整體的設計傳達中有嚴格的規範與表達要求。就角色設計概念圖來說具體包括以下七個方面的內容。

一、角色三視圖

　　等高的角色的正面圖、正側面圖和背面圖（三視圖），對於非對稱設計的角色，其左右兩側都需要加以展示。如下圖所示：

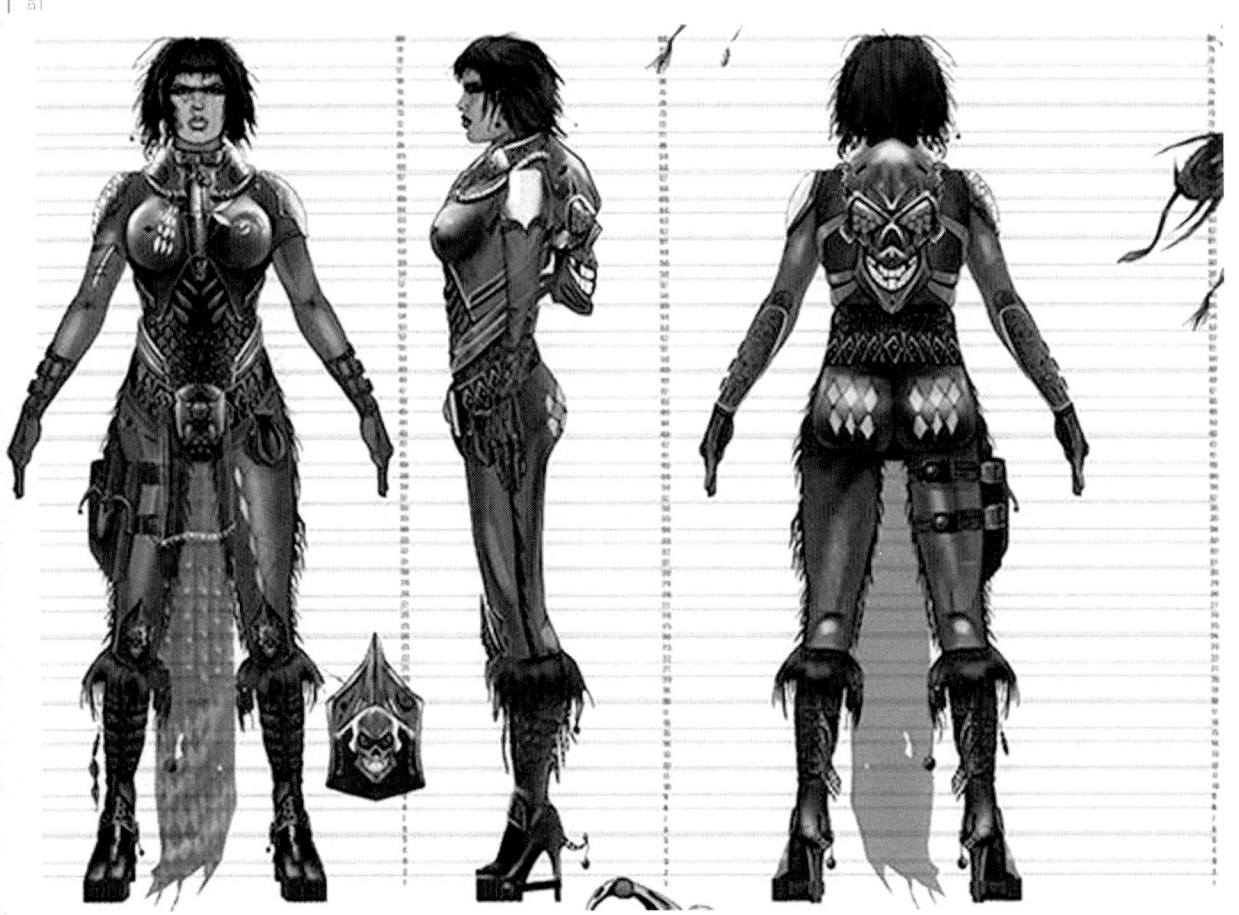

2008 全球遊戲比賽角色設計作品截圖一

二、道具三視圖

如有相關角色道具的,則需要道具設計三視圖。在這個設計中,因為道具另外兩個面沒有設計的必要,所以沒有展示,具體如下圖所示。

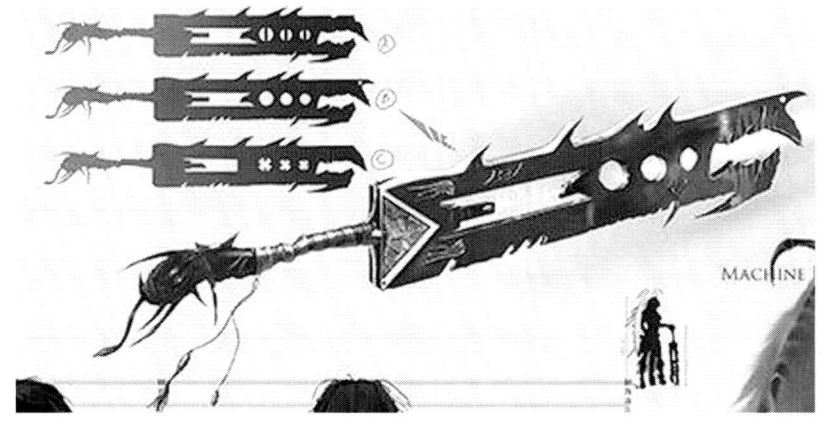

2008 全球遊戲比賽角色設計作品截圖二　　　　　　　2008 全球遊戲比賽角色設計作品截圖三

三、細節圖

比較複雜的設計細節則需要單獨放大來加以展示,如有必要再輔以文字說明。例如截圖三中角色護膝造型細節的放大展示。

四、姿態展示圖

角色的姿態和狀態需進一步展示。這是指選取三視圖之外的角度單獨對角色狀態進行綜合、補充展示,如果有相關道具的則一併加以展示,如右圖所示。

五、設計說明

設計說明就是對設計的文字概念和設計思路進行的簡單闡述,細節設計圖片交代不清的部分也可以輔以文字解說。

六、其他展示圖

部分圖片用於角色設計的草圖與設計過程中構想的其他內容的展示。這個

2008 全球遊戲比賽角色設計作品截圖四

部分的內容不是必不可少的，在不同類型和不同深入程度的設計中的要求並不完全相同。例如動漫類的設計包括角色不同表情的展示，而影視類的設計可能更強調服裝道具的不同變化。下圖的這個例子包含角色細節狀態的補充設計內容。

2008 全球遊戲比賽角色設計作品截圖五

七、上述內容的排版與展示

因為概念設計圖的展示內容比較複雜，不是單一的畫面或者純粹的文字就可以承擔這樣的展示任務的，所以概念角色設計可以將多個頁面組合在一起來加以說明。這就需要對這些頁面進行排版與平面設計。排版例子的展示如下：

第三節 概念設計圖的CG輔助設計（Photoshop軟體介紹）

在用概念設計圖展示包括明暗、色彩、質感等設計項目和其他細節的時候，設計師一般都會進行較全面的展示說明和快速的表現。在數位技術高度發達的今天，ＣＧ輔助設計在動漫、遊戲開發和電影前期製作的多個行業裡成為標準的工業流程。本書有必要就ＣＧ輔助設計的內容做一個簡單的介紹。請大家首先自行學習Photoshop軟體的基本操作方法。

ＣＧ作為輔助設計的有效工具不論在手繪草圖的線條處理，手繪結合ＣＧ的加工製作中，還是在用ＣＧ直接繪製設計中都有廣泛的應用，具體製作思路簡單介紹如下。（本節圖片由四川音樂學院美術學院動畫系陳唯老師提供，在此表示感謝）

一、手繪線描草稿的處理

ＣＧ不但可以直接用於繪畫，只要方法得當，也可以有效地對紙面手繪的草稿進行加工處理，即可以快速地清除我們在手繪線稿時附帶產生的輔助線條（ＣＧ上色的時候不需要的線條和痕跡），讓我們輕鬆地進行CG上色。

這個處理辦法在動畫製作，或手繪線條結合ＣＧ加工插畫，或概念設計加工中都非常實用。該處理方法利用了電腦圖形軟體（如Photoshop）的顏色通道（Channel）工具。我們都知道電腦的螢幕顯示使用的是加色法理論，針對的是光色。也就是說，我們把光線顏色歸納為紅、綠、藍（R，G，B)三個原色，其他色彩都由這三個原色組合形成。三者的通道統計資料都為零（沒有光線）的時候就是純黑色，而數值都達到最大的時候就是純白色。在通過通道工具建立選區的時候，我們可以很容易地利用其中的某一個光原色通道的統計資訊來選擇我們需要的區域，然後對其進行簡單處理就可以輕鬆地清除不需要的資訊，以達到清理稿件的目的。

需要提醒大家的是：

（1）我們如果要這樣處理，在繪製草稿的時候就必須預先計畫，先選擇紅、綠、藍任意一種顏色的筆在白紙上描畫我們的草稿。

（2）我們需要在彩色線稿的基礎上再使用黑色筆進行定稿。例如下圖就是選擇藍色彩鉛的草稿，原因很簡單：這樣才方便和軟體裡通道設置的紅、綠、藍

三個原色通道中的其中一個對應，才能順利進行後續的通道選取處理。在這個例子裡，

我們可以看到：

①藍色筆描繪形體。

②藍色筆添加服裝細節。

③黑色筆定稿（前面三步在紙面完成）。

④掃描後，通過CG線稿處理得到乾淨的CG黑白線稿。

二、CG 線稿填色

我們假定大家已經有了清理好的 CG 線稿，現在可在 Photoshop 中使用圖層工具（Layer)和魔術棒（Magic　Wand)選取工具對每個圖層分別填色。

方法一：

線稿最好多複製兩層，其中一層可以放在所有圖層的最上層，並選擇"變暗"的層混合模式來保證掃描的線稿不會被填色操作所破壞。另一層可以放在所有圖層中的最下層，隱藏起來作為備份，最後一層則可以直接用來建立選區或者直接填色。

針對上面的這個填色圖例，我們建議大家發揮 Photoshop 圖層顏色可以混合表現的特性，把固有色、明暗添加、肌理製作和細節調整的內容分別放在不同的圖層上，充分利用不同的圖層混合模式來逐步深入，達到理想效果。這樣做的好處顯而易見：我們不但可以利用混合模式帶來的方便性和多層疊合的效果，也可以最大限度地保留修改調整的結果，提高我們的設計效率。

方法二： 在得到 CG 線稿後，先通過選區工具在另外的層上用深灰色填出剪影。

其次，我們可以通過調色操作或者直接在圖層上繪畫，將不同色彩質感的部分分圖層填出或畫出黑白灰的素描效果。在這個過程中，我們要注意整體顏色要比完成的顏色淺一些，以方便色彩混合。

再次，我們可以通過前面所建的選區方便地得到各個色彩質感部分的選區，對選區進行分層調色或填色混合操作，分別指定各部分的色彩及其混合模式。

最後對細節和高光加以描畫。

三、CG 直接描畫

使用 CG 工具直接描畫就必須從一開始就使用數位繪畫板。

這個例子從步驟上分析比較簡單：先從描畫深色的剪影開始；然後仍然使用單色逐步畫出細節、明暗體積和細節的質感；其次用調色的方法逐步加強色彩飽和度，明確基本色調；最後使用色彩直接繪畫以得到最終的效果。

在此需要補充說明的是，CG 直接畫法也可以直接使用色彩，像手繪一樣進行，大家熟悉的 CG 大師 Craig Mullins 就使用了這樣的辦法，這樣得到的繪畫效果和細節更加豐富。如下圖所示：

CG角色概念設計圖 Craig Mullins

但是這樣的畫法需要的繪畫功底要高得多，也不太依賴軟體帶來的功能上的便利，短時間內掌握不容易。另外，概念設計畢竟不是繪畫，創意設計更重要，而繪畫所要做的只是準確有效地傳達我們的設計。所以就概念設計來說，初學者使用前面的方法更加合理。

思考與練習

1. 概念設計圖包括哪些內容？
2. 為什麼說概念設計圖是概念設計表現的核心？
3. CG 作為輔助設計手段在概念設計中有哪些應用？

第八章
後設計階段

要點導入：

　　前設計階段和概念設計圖繪製階段之後的設計內容都可以歸於後設計階段。

在這個階段，我們在思維重點和技術能力的要求方面都和前期的設計有明顯的差異。如果前設計階段強調發散性的思維，強調直覺性的非邏輯性思維，強調局部和細節的創意性的想法，那麼，後設計階段則強調設計的組合性思維、邏輯性思維和設計經驗的應用。

在這個階段，思維的整體性、邏輯性，設計的藝術經驗和繪畫的能力會起主導作用，對於具體設計方案取捨的合理性和整體性把握將最終決定設計的整體水準和風格導向。藝術經驗、判斷能力和選擇取捨是這個階段的重點。在這個階段我們的任務主要包括以下四個方面。

一、設計主體的細節深入與資料應用

在設計過程中，資料能起到不可替代的作用。不同的資料，其作用也不一樣，有的提供創意的基礎，有的提示創意的思路，有的有利於豐富細節與整體合理性，有的提供設計中需要超越的對象，等等。與設計專案相關的資料收集會對最後的設計結果的選擇和判斷起很大的支撐作用。

道理非常簡單：藝術與設計的目的在於超越現有的類似設計，而不是簡單的重複。我們必須有能力超越現有的設計，提出和現有設計不同的方案。這就好像電影在具體的故事、人物、情節和動作等各個方面都需要超越已有的同類型的作品。要做到這一點，對現有設計資料的收集與解讀是必不可少的。

二、設計物件的概念圖整理和設計說明

概念設計也有自身的表現方式。歸納、整理之後的設計手冊會對設計的細節和整體有很大的幫助。概念設計使用的方法除了繪畫外，還包括文字策劃和必要的文字說明，以對單個圖像難以直接表達的內容進行解釋和補充。

三、概念設計插畫

概念設計插畫不僅包含本書涉及的角色設計，還包含場景、道具和其他一些內容。它的作用是在主要的設計內容基本確定以後，重新回到創作的整體思路上來，使用繪畫的方法對前面的遊戲美術設計的各個分支做一個總結性的測試、調整與提升。我們把之前設計的形象，包括角色、道具、場景等元素放到一起，在同一個畫面中來檢查它是否達到我們需要的美術效果和美術風格。這是最直觀，也是最方便的檢測與把握辦法。

四、概念設計手冊

在這個階段，針對遊戲美術設計這種系統化的設計命題，我們應該按照前期文字策劃的邏輯和世界觀將其整理成完整、有序的設計手冊。

設計手冊包括前期的文字策劃和與此相關的資料，設計過程所產生的草圖、概念圖等內容。總而言之，這是遊戲策劃與開發的完整藍本，一旦確定將影響和決定我們後續的所有開發製作工作，直至遊戲製作完成。

思考與練習

1. 後設計階段的思維特點是什麼？
2. 後設計階段主要包括哪些內容？

第九章
概念設計插畫

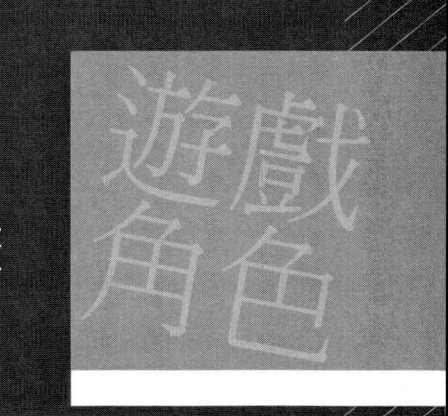

遊戲角色

要點導入：

　　概念設計插畫不但是概念設計後設計階段的主要設計方式，也是設計內容與效果的集中傳達與直觀表現。

第一節 概念設計插畫與 CG 概念設計插畫

一、概念設計插畫

概念設計插畫不僅包含本書所涉及的角色設計，還包括場景、道具和其他的一些內容。它的作用在主要的設計內容基本確定以後，重新回到創作的整體思路上來，使用繪畫的方法對前面的遊戲美術設計的各個分支做一個總結性的測試、調整與提升。

本書所講的角色概念設計中的概念設計插畫就是把之前設計的形象，包括角色、道具、場景等元素放到一起，在共同的具體畫面中來檢查它是否達到我們需要的美術效果和美術風格。所以概念設計插畫是最直觀，也是最方便的檢測與把握的辦法。

從另一個角度來看，如果把設計的整體展示效果與風格也列入設計的內容，那我們也可以把概念設計插畫看成是針對設計的整體而言的。

二、CG 概念設計插畫

在當代的概念設計中，ＣＧ 已經是概念設計插畫的主要繪製手段，在本書所涉及的遊戲設計開發 行業中更是如此。ＣＧ 概念設計插畫因其效率高、素材調用和效果調整修改方便與開發成本較低等優 勢已經是整個行業的開發流程中的標準的工業化手段。關於 CG 輔助設計與 CG 製作的思路我們在前 面的章節已經做了概略性的介紹，在此不再闡述。

第二節 實例展示與分析

一、實例分析一：CG 角色概念插畫《騎士》

第一步：這是一個略帶邪氣的騎士職業，一開始不用考慮太多細節問題，應快速地把想要表達的東西勾勒出來，注意盔甲穿戴的合理性以及這個角色的氣質。

第二步：明確各部分的設計項目，這裡用了不同明度的色塊，先將鎧甲的不同質感區域區分開，再大致確定一下光源的方向。

第三步：對角色的動作姿態進行簡單的調整，基本確定整個角色的造型及設計項目，黑白稿造

CG 角色概念插畫《騎士》 彭長生

第一步

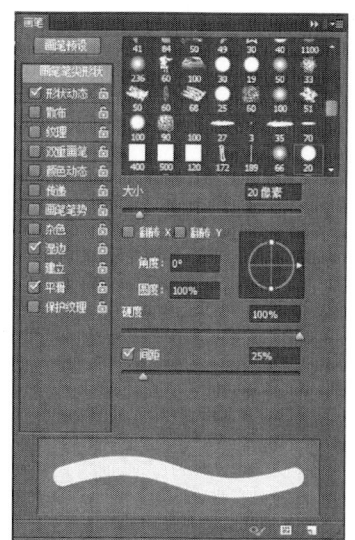

第二步

第九章 設設設設插畫

型的描畫到此告一段落。這裡用到的是"濕邊"筆刷，即普通的圓頭筆刷，畫金屬類元素比較好用。下圖是局部截圖。

第三步

第四步：開始疊加固有色和整體色調。這裡用到的圖層模式可以是"顏色"，也可以是"疊加"或者"正片疊底"。可以嘗試不同的圖層混合模式，只要能達到想要的效果就好。這裡用正方形的筆刷刻畫頭部，如下圖所示。

第四步

第五步：首先刻畫視覺中心，先將鎧甲的體積感表達出來，並注意調整色彩關係，建議使用一些補色或者對比色。

第六步：在細化過程中繼續調整色調，使用 Photoshop 中的"色相/飽和度""色彩平衡"調整畫面整體色調。比如這個角色整體偏藍色，使用 Photoshop 中的"曲線"調整對比度。

第五步　　　　　　　　　　　　　　　　　　　　第六步

第七步：使用高飽和度的顏色添加類似魔法的特效，增強視覺衝擊力。

第八步：對細節做改動，強化角色頂部的藍色冷光及來自角色背後的橙黃色暖光，使色彩氛圍更加濃烈一些。

第七步　　　　　　　　　　　　　　　　　　　　第八步

第九步：再次調整對比度，同時修改角色的武器，讓它看起來和角色的氣質更加相符。最後觀察整體，調整細節與各部分之間的關係。

第九步

二、實例分析二：角色概念插畫《男性法師》CG 視頻演示

具體的ＣＧ角色插畫過程演示請大家參看本書光碟中的精彩ＣＧ實例演示，以及角色概念插畫《男性法師》的視頻，其中有細緻的作畫過程和精彩的製作講解，大家可以自行學習。

其他的角色設計插畫作品展示如下：

思考與練習

概念設計圖和概念設計插畫的區別是什麼?

第十章
角色概念設計的風格與案例分析

要點導入：

　　角色概念設計有各種不同的造型風格、設計應用差異和不同的繪畫效果，在這一章我們就這個問題來進行簡單的討論。我希望本書的讀者朋友參考這樣的思路和做法形成主動分析和主動把握的習慣，這也是概念設計藝術學習裡非常重要的方法。

第一節 案例《手辦造型設計》

下面我們就角色概念設計在不同專業中的應用和教學創作中的實踐來分別進行舉例分析。

一、案例描述

下圖的這個設計包括六個造型各異的卡通造型風格的手辦角色。在角色頭身比例選擇上，設計者選擇了兩頭半身的比例，以時尚的服裝道具配飾作為設計的重點，生活情趣濃烈，造型卡通，趣味性強，在色彩的設計上豐富而時尚。

需要補充說明的是，這個設計在創作的時候明顯地受到了現今流行的塗鴉造型設計與塗鴉繪畫的影響，造型風格較為時尚，應用性強。和這個設計作品在設計風格處理上相似的優秀作品很多，例如大家較為熟悉的虛擬樂隊 Gorillaz(街頭霸王）的設計。

《手辦造型設計》 程鵬

上圖中的這個樂隊使用了塗鴉動畫風格的 MTV 來進行形象包裝,以四個樂隊成員的卡通形象作為推廣的代言符號,在全球取得了巨大的反響和商業成就。

二、類型化的設計思路分析

這類作品的系列化設計一般會使用"各個擊破"的思路,從單個的角色設計入手。在具體設計的時候,我們首先從自己較有信心或較為感興趣的角色入手,以此作為系列化設計的典型和設計基礎。其次參照這個角色的設計思路,把這個角色的設計輪廓作為設計範本,在此基礎上把思維拓寬,以同樣的設計思維模式對其進行發散式的創意拓展,對其服裝道具的細節和文化符號的細節進行調整、變化,以此來完成系列化設計的任務。

這樣的設計思路的優點在於設計效率高,可以就一個典型的原型迅速地擴展出一系列的類似的角色,在手辦設計和網路遊戲設計中被廣泛採用。如下圖所示。

3A 手辦造型截圖一

3A 手辦造型截圖二

在上面的兩個圖例中，我們可以明顯地看到上述設計思路的應用。大家知道，手辦製作的開發方式是採用同樣的塑體模型作為基礎來進行系列化的開發，如上述的 3A 公司開發的系列化的女性角色的手辦模型。也就是說，在基礎塑體（典型的輪廓設計）之上，我們對角色的頭、手的造型和服裝道具的細節進行設計就可以快速地設計出一系列不同的角色手辦模型，而塑體的可動性可以使角色擺出不同的動作姿態。

這樣的思路同樣大量應用於我們當代的網路遊戲開發中。例如下圖：

遊戲《雨血》角色造型

這樣的例子在網路遊戲的開發中不勝枚舉，這樣的設計思路我們將其總結為類型化的設計思路。

一方面，網路遊戲因電腦顯示畫面的幅面限制，角色的顯示大小有一定的限制，而遊戲進行的時候需要直觀地分辨出角色的特徵以方便玩家操作，所以類型化的設計思路勢在必行。另一方面，開發的效率和開發的成本是技術和經濟方面的直接原因。

需要補充說明的是，類型化的設計思路並不是一個一成不變的套路。以職業作為類型化設計思路的劃分標準，其經典遊戲作品有《暗黑破壞神》，其中的野蠻人、死靈法師、女巫、德魯伊、刺客和聖騎士在角色設計上分別代表一個典型的角色設計類型，在這個基礎上設計者通過改變服裝道具來表示玩家所操縱的不同角色。

以派別作為類型化設計思路的劃分標準,其經典遊戲作品大多是武俠題材的網路遊戲,例如《金庸群俠傳》。

以地域文化作為類型化設計思路的劃分標準，其經典遊戲作品是大家熟悉的《帝國時代》。

如果回到我們的概念角色設計的本題，則可以有更多的類型化設計思路的劃分標準，例如性格個性、地域文化。而同一劃分標準下的角色在造型設計上或多或少地會有某個方面的共同點，而對於這些共同點的熟悉、把握，是我們應用類型化設計思路的關鍵。

所以我建議想要以角色設計作為未來職業的同學要儘量多花時間研究這個問題。大家瞭解更多的類型就意味著熟悉更多的類型化設計造型的特點，以此積累設計經驗，加強自己的專業修養，拓展自己的設計知識面。這樣才能從容地應付各式各樣的設計命題，輕鬆地應對遊戲行業中職業設計師的招聘考試。

第二節 《Blood Lines》遊戲系統化設計案例分析

第十章 角色概念設計的風格與案例分析

珂兰德·波赛（Korando·Bossey）

卡帕斯·安格勒尔（Capa·Angerer）

遊戲角色概念設計《Blood Lines》覃靖雨團隊

  這個案例是四川美術學院動畫專業已經畢業的五個同學組成的小型設計團隊做的畢業設計。在這個系統化的設計作品中，幾位元同學表現出了很高的專業素質，他們不但有效地完成了大量設計，更重要的是，作品體現了他們對於"系統化設計"的較為完整的專業理解。本書只展示了這個設計一小部分內容，完整資料請參看本書附帶的光碟的相關內容。

  這個設計很充分地體現了我們在上一個案例裡所提出的類型化的設計思路。參與這個設計的幾位同學在專業創作的時候有三個方面特別值得大家學習。

  第一，這是一個設計團隊，整個設計的世界觀較為龐雜，沒有團隊的協作是不可能有效地完成這樣複雜的設計任務的。在整個設計創作過程中，團隊的所有參與者都表現出了極高的團結協作精神，克服了異地畢業實習、設計美術風格差異等客觀條件帶來的困難，共同完成了設計的任務。

  第二，團隊成員在設計創作的過程中極大地發揮了自身的主觀能動性，能針對自身的弱點主動地尋求解決方案，並有效地完成了複雜的設計任務。這個設計帶有一定的模仿性，但是作為在校學習的小型學生團隊，他們能客觀地把握自己的能力，主動地研究現有的優秀設計作品，並以此作為設計世界觀和設計風格的參考，這是非常值得肯定的。學習設計的人通過這個半模仿半原創的過程可以提高自己對設計的認識和把握能力，儘快地成長為職業的概念設計師。

  第三，這幾位同學都有很扎實的專業基礎。不論是紙面的草圖繪製、ＣＧ，還是加工繪製，都能熟練地掌握，並在設計畫集裡充分有序地加以展示。

第三節 漫畫《夢想三國》關羽、張飛、呂布人物設定分析

這是四川美術學院動畫專業一個已經畢業的同學在校學習期間完成的角色設計。設計的命題來自無錫市政府組織的《夢想三國》三國系列題材的設計比賽，這個同學的這件設計作品獲得了三等獎。

這個設計是針對後續的漫畫創作所做的角色概念設計。所以設計的製作方法較為簡單，就是依據漫畫創作的需要在紙面上勾勒線條，掃描後在 Photoshop 中上色，排版完成。

這個設計之所以能夠從眾多的參賽者中脫穎而出，我認為有以下幾個方面的原因：

第一，設計的整體感受把握較好，三個角色的整體造型風格較為協調，設計的專案較為完整、深入，不但包括形體輪廓和道具細節的設計，對角色的表情特徵也有細緻的設計。

第二，每個角色的設計主題較為突出，富有創意。

例如，關羽的設計主題是"忠義"，符合《三國演義》和中國傳統文化對這個角色的定位。設計者以他的坐騎"赤兔馬"作為設計符號，與旋風的體型造型結合，包括旋風式的青龍偃月刀的造型，使得這個角色的設計突破了以前的老套路而富有創意。他的代表顏色是青色。

而針對呂布的設計，作者著重強調了其陰險和反覆無常的特點，在細節的處理上非常具有創意。其中，兩個面具的造型暗示他"三姓家奴"的反覆無常的性格，而背部女性的人體圖案和他的方天畫戟上女性人體造型的細節，則表現出女人在他的人生歷程中的影響。他的代表顏色是黑色。

對於張飛的造型，設計者也應用了類似的思路，鑒於他的急躁性格，他的形體設計與烈火、野豬的造型符號很好地結合了起來。鑒於他屠夫的出身，野豬的造型符號和殺豬刀的道具設計突破了傳統的老套路。他的代表顏色是紅色。

一、關羽設計說明

關羽算是三國裡的主要人物，是被刻畫得最為成功的角色，他具有完善的人物性格和外貌特徵。發生在他身上的經典故事不少，如《千里走單騎》《水淹七軍》。在故事中，關羽被作者神話般地渲染成神一樣的武將。在做這個設計時，關羽的最大特點——忠義被具體表現出來，用代表"忠"的馬作為設計思路，設計了馬頭鎧甲；又將關羽性格上的弱點——驕傲，以"風"為代表加以形態上的強化，將體型設計成旋風的形狀，武器為風車狀。

二、呂布設計說明

呂布在小說中的戲份比較重，也是在小說裡被塑造得比較完整的人物。呂布個性很鮮明，典型的反覆無常，狡猾，同時擁有高超的武藝，是武將中的佼佼者。《轅門射戟》《戲貂蟬》都是小說裡經典的故事，"美人計"一詞也出現在《呂布戲貂蟬》中。這些故事中的元素都被用於設計呂布這個形象。

馬頭盔甲：以"義"字為座右銘的關羽，其盔甲被做成馬的形態。馬的忠義體現了他的為人。

文身：帶有風車的圖案。

體型：旋風般的體型。代表著關羽清高、驕傲的個性。以風為元素來設計，因此呈螺旋狀。

表情：關羽由於自身驕傲的個性，所以表情多為笑。

憤怒

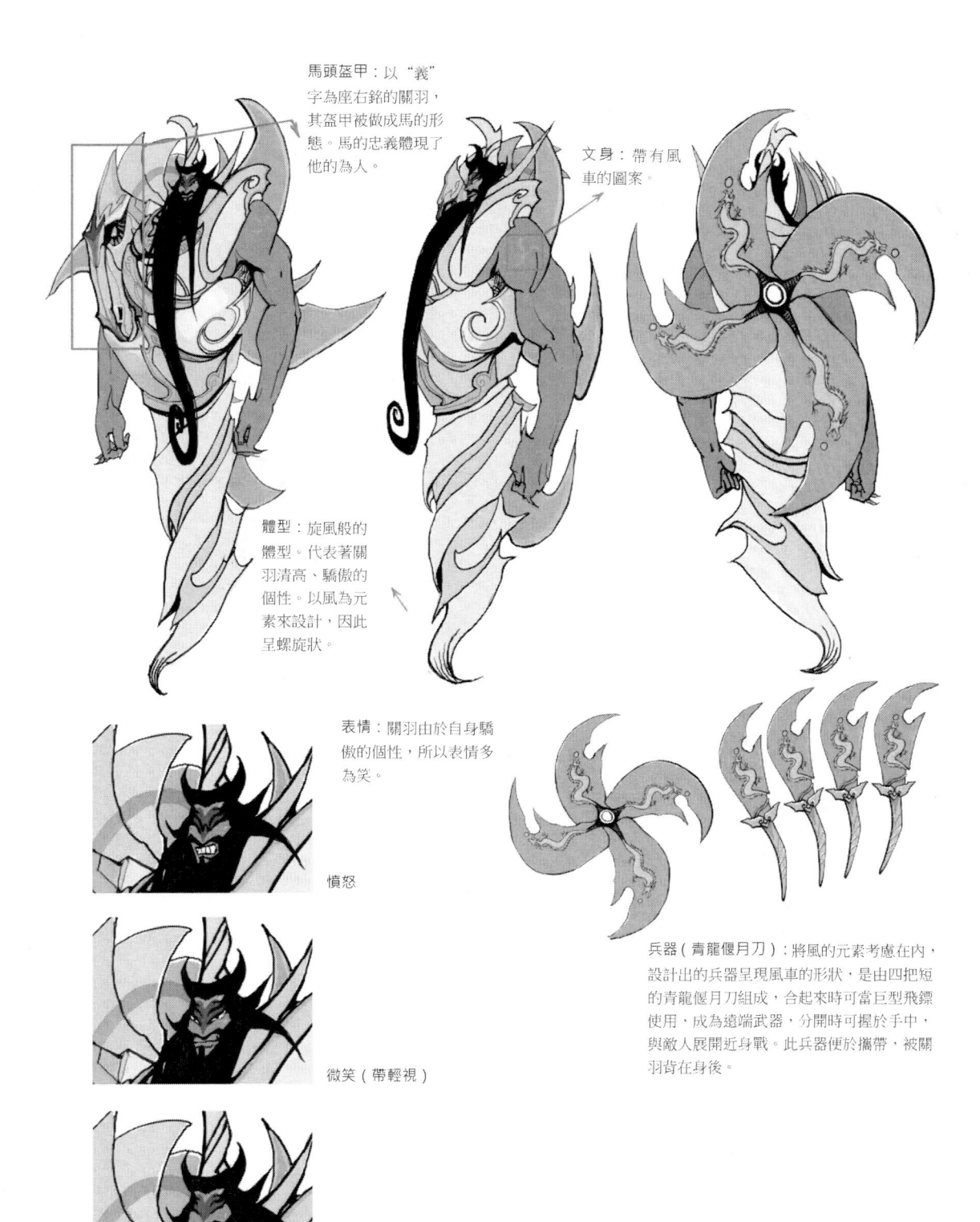

微笑（帶輕視）

大笑

兵器（青龍偃月刀）：將風的元素考慮在內，設計出的兵器呈現風車的形狀，是由四把短的青龍偃月刀組成，合起來時可當巨型飛鏢使用，成為遠端武器，分開時可握於手中，與敵人展開近身戰。此兵器便於攜帶，被關羽背在身後。

漫畫《夢想三國》關羽角色設定　徐子然

第十章　角色設設設設設風格與案例分析

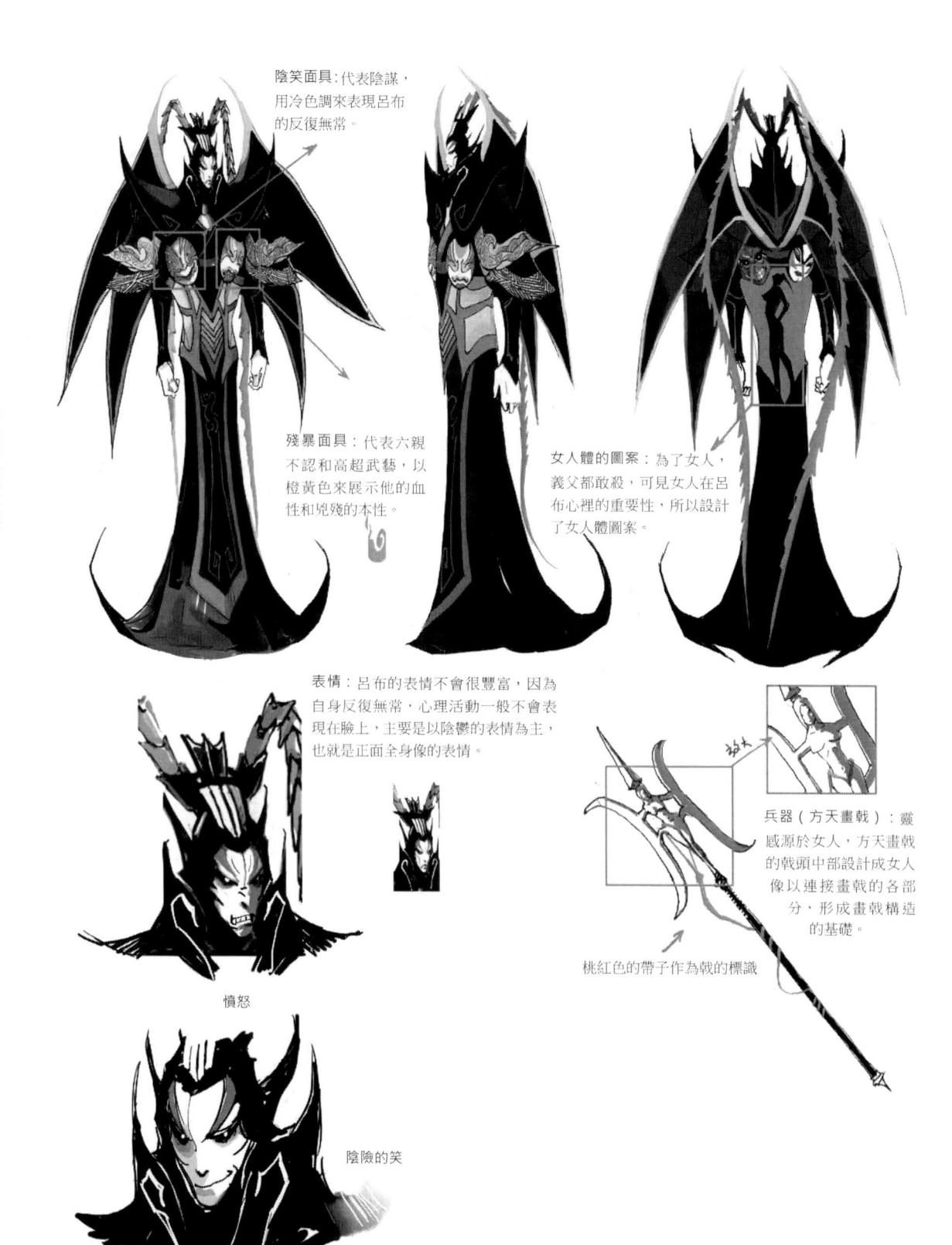

陰笑面具：代表陰謀，用冷色調來表現呂布的反復無常。

殘暴面具：代表六親不認和高超武藝，以橙黃色來展示他的血性和兇殘的本性。

女人體的圖案：為了女人，義父都敢殺，可見女人在呂布心裡的重要性，所以設計了女人體圖案。

表情：呂布的表情不會很豐富，因為自身反復無常，心理活動一般不會表現在臉上，主要是以陰鬱的表情為主，也就是正面全身像的表情。

兵器（方天畫戟）：靈感源於女人，方天畫戟的戟頭中部設計成女人像以連接畫戟的各部分，形成畫戟構造的基礎。

桃紅色的帶子作為戟的標識

憤怒

陰險的笑

漫畫《夢想三國》呂布角色設定 徐子然

遊戲角色概念設計

體形(一團烈火般的體形)：張飛性格火暴，猶如一團火焰。設計的體形注入了火的元素，將其性格具體化。

野豬形態鎧甲：張飛性格魯莽，如野獸般。由於他以前是賣豬肉的，鎧甲設計為野豬最為合適。

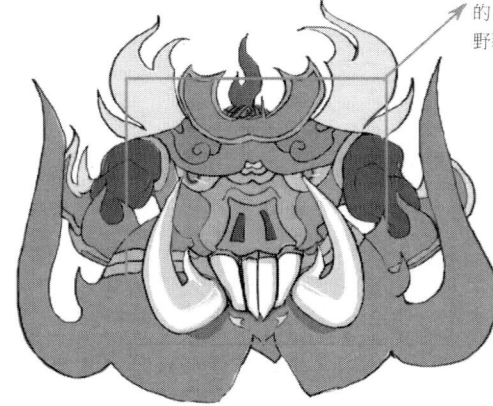

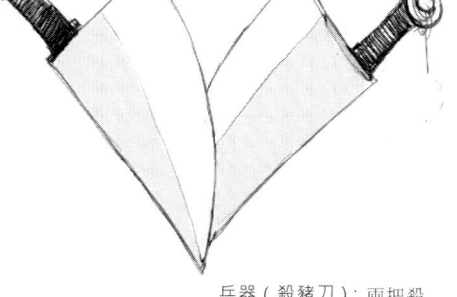

兵器(殺豬刀)：兩把殺豬大刀可以把張飛的特點很好地呈現出來。

表情：張飛性格單純，喜怒哀樂表現在臉上，因此表情要誇張點。

憤怒

驚喜

驚訝

漫畫《夢想三國》張飛角色設定 徐子然

第十章 角色設設設設風格與案例分析

三、張飛設計說明

張飛在三國裡是一個可愛的人物形象,單純,性格暴躁,魯莽行事,但粗中有細。長阪坡一戰運用智謀和膽略嚇退曹操五千精兵。

張飛的人物設定的思路和關羽大致相同,從其人物性格的最鮮明點入手。首先確定體形,狂暴魯莽的張飛,性子就像霹靂火一樣,所以把其體形定為一團火的造型非常貼切。因他與豬的特殊緣分,其背部被設定成野豬頭的造型,強調了其性格特點和特殊身份。

第四節 課堂教學案例分析——廣播劇《霧隱占婆》角色概念設計

田化興
土匪頭子,採用土匪形象,佩戴匕首,自詡膽大包天,很貪心。

康小八
遊手好閒的地痞無賴,到處殺人劫財,設計採用中分髮型,佩戴黑色墨鏡的痞子形象,一臉壞相,腰上佩戴從英國公使身邊偷的左輪手槍。身背子彈包,心黑手狠。

Q版形象
匕首　Q版形象
左輪手槍　槍包　子彈包

李三
人稱"燕子李三",飛賊形象,有賊智,機巧過人;能飛簷走壁,服裝以黑色為主;擅長輕功,腳上穿了厚厚的襪子,便於悄無聲息地落地;有煙癮,腰上佩戴煙草。

護腕　繃帶襪子　煙草袋
Q版形象

宋錫朋
採用了身強體壯的壯漢形象,天生力氣大,自幼習武,有一身硬功夫;人稱"石佛宋",以佛的造型特點表現,採用戴頭巾的鍛造師傅形象;曾經當過鏢師,腰上佩帶武器鏢,精於用鏢。

Q版形象
竹筒　鏢

有聲小說《霧隱占婆》 人物設定 周曦

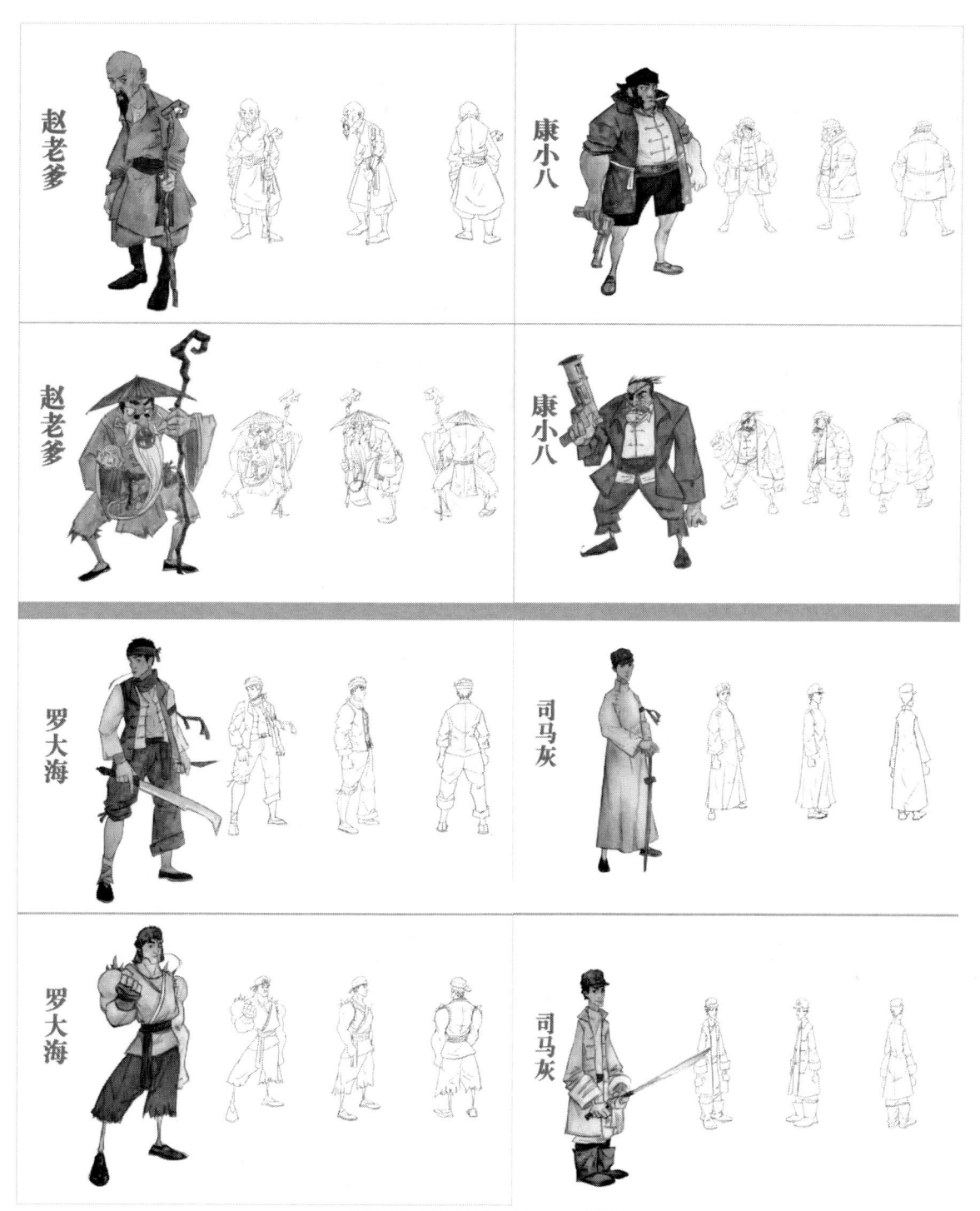

有聲小說《霧隱占婆》人物設定 謝紅媽

遊戲角色概念設計

康小八　宋錫朋　燕子李三　田華豐

康小八　宋錫朋　燕子李三　田華豐

有聲小說《霧隱占婆》人物設定　熊文暢

有聲小說《霧隱占婆》人物設定　熊文暢

這個案例是四川美術學院商業插畫設計專業的三位在讀同學在他們二年級的角色概念設計課裡完成的課堂作業。

　　這是這幾個同學第一次接觸角色設計所做的設計內容，在三周的有限時間裡，這三位同學依據有聲小說《霧隱占婆》完成了四個角色的八個造型設計，即寫實與卡通兩種造型風格的設計。

　　我們可以看到，他們已經能夠依據小說劇本所描述的角色性格很好地對性格各異的角色進行典型化、類型化的把握。在造型方法和造型風格上，他們能大膽地進行不同造型風格的轉換嘗試，其中卡通造型的多個角色設計都能做到造型特點突出且富於造型趣味，這相當難得。

　　雖然這三位元同學的設計作品略顯稚嫩，有很多地方尚待推敲，但是作為接觸角色設計的初學者來說，他們已經表現出了很強的藝術天賦和學習能力，可謂難能可貴，他們的設計作品和認真刻苦的學習態度值得大家學習。

第五節 課堂教學案例分析——小說《絕不低頭》角色概念設計

　　本節中，筆者就自己在四川美術學院公共藝術學院遊戲設計專業角色設計課中，給二年級學生佈置的前設計階段的角色設計作業做一個簡單的設計分析。

　　設計的文字概念來自古龍的短篇武俠小說《絕不低頭》，具體情節大家可以參看原小說，在此我們只對相關的內容做簡短說明。

　　故事發生在20世紀30年代的上海，有四個主要的男性角色，分別是黑社會老大，穿著對襟排扣衣服的"黑豹"，穿著西裝燕尾服的混血兒"高登"和故事的男主角"羅烈"。

　　在故事的描述中，黑社會老大的資訊最少，甚至沒有提到名字，更多的是通過周圍的人對他的服從態度來展示他狡猾、冷酷，工於算計的黑社會"教父"式的個性特徵。和他有直接下屬關係的是黑豹，他是教父所豢養的打手。像他的外號"黑豹"一樣，他精通格鬥、嚮往權力，性格勇猛、孤僻而霸道。高登在故事中是一個外冷內熱的神槍手，是個忠於友情的花花公子，是羅烈的好朋友。故事中性格最為中性的是男主人公羅烈，他和黑豹是幼年時的好友，長大後兩人分開。黑豹去了上海，變成了上海灘最厲害的黑社會打手；而他卻因為某些原因去了德國，認識了高登，他性格最大的特徵是理性、平和。

　　故事中的這幾個角色都是強悍有力的男性，都有著過人的能力，這是這四個角色唯一的相似之處，而怎麼在角色的姿態特徵設計中來把握和表示他們的差異和個性呢？

　　我選擇黑豹來開始輪廓設計，在四個角色中他是體型輪廓最為粗壯強悍的，這個角色形體的寬度最大，脖子的寬度大於頭部加上向外擴展的外弧形的肩部，整個形體充滿了向外擴展的張力。在服裝的設計上，考慮到他是一個未受過西方文化影響的黑道打手，我為其選擇了與李小龍一樣的中

國武師的對襟外衣和布鞋，袖口卷起的白色衣袖用來強調其拳頭的力度。在道具上，依據小說對他癡迷黑道權力的描寫，我設計了一大串作為暗器的鑰匙以及一個鑰匙形狀的吊墜項鍊。因為針對本書對他的暗器的獨特選擇，鑰匙可以理解為"特權、獨佔"的象徵。在姿態設計上，我給他選擇了一個向前邁步行走的姿態來強調他的向外擴展、咄咄逼人的感覺，整體感覺像一隻兇殘的野獸。

和黑豹個性一樣，造型類型也較為典型的是故事中的神槍手高登。在設計定位上，我把他作為黑豹的對立面來進行處理。首先在體型輪廓上我把他的身形設計得最高最瘦（瘦這一點在小說中是明確強調的），他的外形輪廓的處理也對應黑豹的輪廓特點，設計成向內收的弧線形，以強調他的

瘦，與黑豹的胖形成對立。在服裝的設計上依據小說中的描寫，他是一個生長在德國的混血兒，生活講究，喜愛排場，因此，我為其選擇了燕尾服、西褲和細長翹頭的皮鞋。在道具上，首先依據小說中"神槍高登"的特點，為他選擇了和他的造型相配的細長的雙槍作為道具，其次用細長的領帶、西裝上衣口袋中的手絹、皮帶扣和袖扣來強調其生活講究、喜愛排場。在姿態的設計上，我為其設計了像時裝走秀的造型，活脫脫一個花花公子的派頭。

較難把握的是故事的男主角羅烈，他的性格不像前面兩位角色那麼突出。根據小說描寫，他從德國返回後個性較為平和理性，棱角相對圓滑，我在外形輪廓和道具的設計上給他添加了雨傘和行李箱，來加強其 L 形輪廓的寬度和穩定，身高介於前兩者之間。在服裝設計方面，依據小說中他在德國生活的經歷設計了長風衣和禮帽。在道具細節的設計方面，雨傘、圍巾和禮帽都表示他是一個深思熟慮、謀定後動的思想者。在站姿上，他是最為中庸和平穩的角色。

　　黑社會老大在故事中的外表描寫幾乎沒有，甚至連名字和外號都沒有。考慮到這一點和他的個性，參考以前上海的黑社會教父杜月笙的造型，我選擇了極簡的輪廓設計方案來對這個角色進行處理。這個角色的年齡偏大（在故事中是黑豹戀人的父親），且大多數事情幾乎不需要親自動手，而是隱藏在幕後指揮下屬去完成，所以我給他設計了雙手手持摺扇背在身後的姿態。而狡猾、冷酷、工於算計的"教父"的個性特徵正好適合圓滑的輪廓形式和摺扇道具的細節處理辦法，這樣也恰好和前面三個角色拉開距離。

　　在細節和文化背景的設計方面，因為他和黑豹的關係，我給他們設計了中式的服裝、傳統的折扇和光頭來暗示他們立場的共同點。而有著國外生活經歷的高登和羅烈同樣在服裝細節上做了類似的對比性處理。

思考與練習

1. 什麼是類型化的設計思路？
2. 角色概念設計的風格與其應用的關係應該怎麼處理？請舉例分析。

附錄

一、課程的教學大綱與教學課件

課件請參考本書附帶的教學光碟的相關內容。

1.《角色設計》課程教學大綱

課程名稱：角色設計 課程學分：
3 學分 課程學時：64 學時 課程
類別：專業課 課程安排：一年級

教學目的：概念設計是商業插畫專業及相關行業的核心課程，同學們通過學習需掌握概念設計(平面)的任務和內容，瞭解角色設計的主要思維方式和基本創作方法，掌握角色設計的基本創作流程與創作技巧，並初步嘗試進行獨立的角色設計。

教學內容：
（1）概念設計(平面)的任務和內容（概念的解讀與溝通）。
（2）概念設計的主要思維方式和基本創作方法（概念與繪畫造型、效果設計的關係）。
（3）瞭解概念設計的專業基礎、評價標準。
（4）角色設計。 教學基本要
求：
（1）概念設計的任務和內容。
（2）角色設計的思維方式和基本創作方法。
（3）角色設計的評價標準。
（4）概念設計的表現（草圖、概念設計圖、概念插畫）。

教學方法：以課堂教學、課外作業結合專業設計評講為主要方式，使學生基本掌握概念設計（角色設計）的基本任務、思維方式、創作流程及表現方法。

課程考核：本課程實行隨堂作業考核。學生須按教學要求呈交課堂作業，該課程專業教師根據專業學習的要求評分，評分要結合學生平時的出勤、學習與作業情況。 教材及教學參考資料：教材包含任課教師的課件、講義，參考書包括任課教師推薦的圖片及相
關資料。

教學設備及教具要求：多媒體教學設備、電腦機房、參考書籍與資料。

2.《卡通造型設計》課程教學大綱

課程名稱：卡通造型設計 課程學

分：3 學分 課程學時：64 學時 課

程類別：專業課 課程安排：二年級

教學目的：卡通造型設計是概念設計的重要組成部分和主要的設計風格，本課程是漫畫素描課程的專業應用。通過該課程的學習，同學們需瞭解並初步掌握卡通造型風格設計的評價標準和基本創作方法，對概念設計的不同造型風格進一步進行獨立的嘗試。

教學內容：

（1）卡通類概念設計的設計要素與評價標準（趣味、應用）。

（2）卡通設計的主要思維方式和基本創作方法。

（3）卡通造型的應用技術要點。

教學基本要求：

（1）卡通角色設計（草圖、概念圖）。

（2）卡通場景設計（草圖、CG 加工繪製）。

教學方法：以課堂教學、課外作業結合專業設計評講為主要方式，使學生基本掌握卡通設計這一重要的概念設計風格的創作方法及其主要應用領域。 課程考核：本課程實行隨堂作業考核。學生須按教學要求呈交課堂作業，並由該課程專業教師根據專業學習的要求評分，評分要結合學生平時的出勤、學習與作業情況。 教材及教學參考資料：教材，任課教師的課件、講義。參考書，任課教師推薦的畫冊、圖片資料。

教學設備及教具要求：多媒體教學設備、電腦機房、參考書籍與資料。

二、概念設計網路資源

1. 概念藝術家網站

http://www.sydmead.com/ （Syd Mead:概念設計第一號人物）

http://www.feerikart.blogspot.com/ （Feerik：painter 畫師）

http://www.johnwallin.net/site/main.html/ （John Wallin：戰爭機器概念設計師）

http://www.jamesclyne.com/projects.php/ (James Clyne：《世界大戰》概念設計師）

http://www.ryanchurch.com/index.htm/ (Ryan Church：《星際大戰》設計師）

http://www.ghull.com/art/other/art_other_thumbs.php/（George Hul：《駭客任務》概念設計師）

http://www.drawthrough.com/ （Scott Robertson：概念設計先驅）

http://www.danielsimon.net/ （Daniel Simon：超未來的工業設計大師）
http://www.grnr.com/ （Mark Goerner：綜合設計精英）
http://www.artbymikko.com/gallery/ （Mikko Kinnunen：概念藝術家、插畫家）
http://www.borkurart.com/ (Brkur Eiríksson：概念藝術家、插畫家、手繪畫師）
http://davidsketch.blogspot.com/ （David Hong：新銳概念藝術設計者）
http://www.andreasrocha.com/ （Andreas Rocha：自由概念設計師、遮罩畫師）
http://www.bigbluetree.com/ （李少民：ID 名是零蜘蛛，洛杉磯原型雕塑師）
http://www.martiniere.com/gallery.htm （Stephan Martiniere：概念設計師，參與製作《I.robot》《Star Wars》《Time Machine》《Red Planet》）
http://livingrope.free.fr/ （Jean-Sébastien Rossbach：自由插畫師）
http://www.sparth.com/ （Nicolas Sparth Bouvier：遊戲原畫師）
http://artpad.org/ （Jaime Jones：年輕的概念藝術設計師）
http://jamespaickart.com/ （James Paick：遊戲概念設計師，洛杉磯 Scribble Pad Studios 創始人）
http://www.blancfonce.com/images/#/content/start/ （Benjamin Carre：法國概念設計師）
http://www.artbabayan.com/ （Babayan：概念設計師、插畫師）

2. 遮罩繪畫藝術家網站

http://www.dusso.com/（Dusso：遮罩繪畫大師）
http://www.dylancolestudio.com/（Dylan Cole：頂級電視、電影和遊戲數位背景繪製師、藝術概念設計師）
http://www.alpaltiner.com/ （Alp Altiner：參與多部電影的概念設計）
http://www.suirebit.net/ （Tiberius Viris：遮罩畫師、概念藝術家、插畫家）
http://www.mattepainting-studio.com/ （Sauer：遮罩畫師）
http://www.timwarnockstudio.com/ (Tim Warnock：加拿大的概念藝術家，遮罩畫家)
http://www.christianlorenzscheurer.com/ (Christian Lorenz Scheure：參與了《駭客任務》動畫版電影和《Gnomo》教程的製作）
http://www.thunig.com/ （Chris Thunig：暴雪娛樂公司的原畫師，做過多部電影的概念設計）
http://www.suirebit.net/ （Tiberius Viris：自由遮罩畫師，數位概念藝術家）
http://stefan-morrell.com/ （Stefan Morrell：紐西蘭 3D 概念藝術家，插畫家，遮罩畫師）
http://www.stoskidigital.com/ （Chris Stoski：概念藝術家）

http://www.raphael-lacoste.com/ （Raphael Lacoste：加拿大概念設計師，插畫家）
http://www.carbonmatter.com/index.html （Dan Wheaton：美國概念藝術家）
http://www.bkachel.com/matte_painting_index.html/ （Brandon Kachel：遮罩畫師）
http://www.barryejackson.com/ （Barry E Jackson：角色設計師，故事板設計師）
http://www.aj-concepts.net/ （Alex Jenyon：加拿大數字概念藝術家，遮罩畫師）
http://www.jb-arts.com/index02.html/ （Jamie Baxter：美國加州遮罩藝術家）
http://www.neilmillervfx.com/ （Neil Miller：概念藝術家，特效師）
http://simasystem.com/ (Rasoul Shafeazadeh：遮罩畫師，視覺效果藝術家）
http://www.richardrosenman.com/ （Richard Rosenman：加拿大動畫師）
http://rochr.com/ （Rudolf Herczog：瑞典 3D 概念藝術家）
http://www.inetgrafx.com/frontend/ （Daniel Kvasznicza：插畫家，3D 藝術家）
http://www.erikfokkens.com/ （Erik Fokkens：荷蘭遮罩畫師，CG 藝術家）
http://www.huseyinyildiz.com/ （Huseyin Yildiz：插畫家） http://www.raynault.com/ （Mathieu Raynault：視覺特效藝術家） http://www.maxdennison.com/ （Max Dennison：視覺特效藝術家，參與製作《魔戒》三部曲）

http://www.gunmetal3d.com/ Mayumi Shimokawa：遮罩畫師）

http://www.paulcampion.com/ （Paul Campion：插畫師，視覺特效藝術家，參與了《Gnomo》教程的製作）

http://www.rene-borst.de/ （Rene Borst：遮罩畫師，概念藝術家）

http://www.stephanebelin.com/ （Stephane Belin：法國概念藝術家，遮罩畫師）

3.Illustrations 藝術家網站
http://jeffsimpsonkh.tumblr.com/ （Jeff Simpson：加拿大插圖藝術家，概念畫師）
http://justinsweet.com/ （Justin Sweet：數字古典畫家）
http://www.jonfoster.com/ （Jon Foster：插畫家）
http://www.plastiquemonkey.com/ （山口友加：加拿大插畫藝術家）
http://guterrez.com/ （Mathias Kollros：澳大利亞數字藝術家）
http://www.gezfry.com/gallery.shtml/ （Gez Fry：日本插畫家）
http://www.vincentdutrait.com/blogv2/ （Vincent Dutrait：插畫家）
http://www.mandrykart.com/ （Mandryk：插畫家）
http://www.froghatstudios.com/portemp.html/ （Chris Appelhans：插畫家，動畫原畫師）

http://www.christianalzmann.com/ （Christian Alzman：插畫家，概念畫師）

http://www.crabbdigital.com/ （Ron Crabb：概念藝術家，遮罩畫師）

http://rickberrystudio.com/ （Rick Berry：肖像畫家，設計師）

4.Digital Painting 藝術家網站

http://www.parkparkin.com/ （Dmitry Parkin：遊戲概念設計師，3D 模型師）

http://www.3dluvr.com/pascalb/gallery.html/ （Pascal Blanche：來自加拿大的 3D 藝術家）

http://www.taron.de/ （Taron：概念設計師，3D 模型師）

http://www.ashleywoodartist.com/ （Ashley Wood：漫畫家，玩具原畫師）

http://kerembeyit.tumblr.com/ （Kerem Beyit：插畫家）

http://www.michaelhussar.biz/ （Michael Hussar：插畫家）

http://ryoheihase.com/ （長谷亮平：日本自由插畫家）

http://www.atarts.de/ （Alexander Thümler：遊戲電影概念藝術家，插畫師）

5. 設計工作室網站

http://www.wetaworkshop.com/ （Weta Workshop：綜合視覺特效公司）

http://www.wetafx.co.nz/ （Weta Digtal：Weta 產品）

http://www.hatchfx.com/index.php （Hatch：影視視效製作團隊）

http://www.studioeb.com/matte.htm/ （Studioeb：Eric Bouffard 個人影視概念設計、遮罩繪畫製作工作室）

6.其他資料網站

http://www.vivaspinups.com/cms/index.php/ （Vivaspinups：人像攝影網站）

http://sarachmet.carbonmade.com/ （Sarachmet：攝影，封面設計網站）

http://www.aaronhawks.net/ （Mister Howks：攝影網站）

http://www.kuksi.com/ （Kuksi：3D 模型大師，插畫家）

7.資料圖片網站

http://www.cgtextures.com/ （CGtextures：CG 貼圖素材庫） http://freelargephotos.com （攝影素材庫）

http://www.fotogenika.net/ （攝影素材庫）

http://www.bittbox.com/ （免費高品質設計素材、照片網站）

http://www.terraspirit.com/ （攝影素材庫）

http://www.redbubble.com/ （日常用品素材）

http://www.purerender.com/ （照片素材）

後記

在本書中我們對概念角色設計從設計階段、基本的設計方法和設計思路等方面做了簡單的介紹。想講的內容太多，畢竟角色概念設計所涉及的內容實在是太豐富，優秀的作品也實在太多。限於作者自身的專業水準和本書的篇幅只能就這個講題拋磚引玉，盡力而為。如果有機會接觸本書的讀者，能以此為契機展開自己的研究那就是對我最大的鼓勵與安慰了，在此對購買此書的讀者表示感謝與歉意。

本書在編寫過程中得到了各位朋友、老師、同學和出版社編輯的大力支持和幫助，謹在此向他們表示衷心的感謝！另外，因個人專業水準有限，加之其他的客觀原因的限制，錯漏之處難以避免，還請各位專家、老師和讀者朋友批評指正！在此先行謝過。

國家圖書館出版品預行編目（CIP）資料

遊戲角色概念設計 / 喬斌 主編. -- 第一版.
-- 臺北市：崧博出版：崧燁文化發行, 2019.06
　　　面；　　公分
POD版

ISBN 978-957-735-867-7(平裝)

1.電腦遊戲 2.電腦程式設計

312.8　　　　　　　　　　　　　　　　108006768

書　　　名：遊戲角色概念設計
作　　　者：喬斌 主編
發 行 人：黃振庭
出 版 者：崧博出版事業有限公司
發 行 者：崧燁文化事業有限公司
E - m a i l：sonbookservice@gmail.com
粉 絲 頁：　　　　　　網　　址：
地　　　址：台北市中正區重慶南路一段六十一號八樓815 室
8F.-815, No.61, Sec. 1, Chongqing S. Rd., Zhongzheng Dist., Taipei City 100, Taiwan (R.O.C.)
電　　　話：(02)2370-3310　傳　真：(02) 2370-3210
總 經 銷：紅螞蟻圖書有限公司
地　　　址：台北市內湖區舊宗路二段 121 巷 19 號
電　　　話:02-2795-3656 傳真:02-2795-4100　網址：
印　　　刷：京峯彩色印刷有限公司（京峰數位）

　　本書版權為西南師範大學出版社所有授權崧博出版事業股份有限公司獨家發行
　　電子書及繁體書繁體字版。若有其他相關權利及授權需求請與本公司聯繫。

定　　　價：250 元
發行日期：2019 年 06 月第一版
◎ 本書以 POD 印製發行